2009年

中国传统木结构建筑营造技艺

入选

联合国教科文组织

人类非物质文化遗产代表作名录

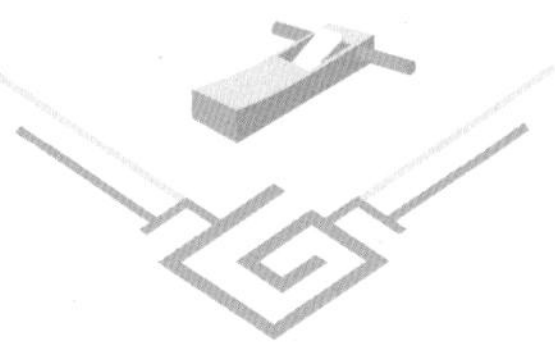

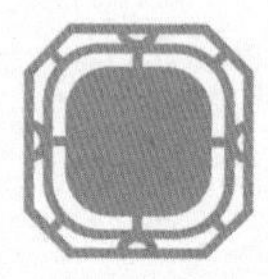

与孩子们一起走进

丰富多彩的非遗世界

希望

每一个中国人都是

中华文化的传承人

小小传承人：非物质文化遗产

崔宪 主编

中国传统木结构建筑营造技艺

韩泽华 编著

GUANGXI NORMAL UNIVERSITY PRESS
广西师范大学出版社
·桂林·

ZHONGGUO CHUANTONG MUJIEGOU JIANZHU YINGZAO JIYI
中国传统木结构建筑营造技艺

出版统筹：汤文辉
品牌总监：耿　磊
选题策划：耿　磊　李茂军
　　　　　梁　缨
责任编辑：戚　浩
助理编辑：梁　缨　孙金蕾
美术编辑：卜翠红
营销编辑：钟小文
责任技编：王增元

图书在版编目（CIP）数据

中国传统木结构建筑营造技艺 / 韩泽华编著．—桂林：广西师范大学出版社，2021.1
（小小传承人：非物质文化遗产 / 崔宪主编）
ISBN 978-7-5598-3364-8

Ⅰ．①中… Ⅱ．①韩… Ⅲ．①木结构－古建筑－建筑艺术－中国－青少年读物 Ⅳ．①TU-092.2

中国版本图书馆 CIP 数据核字（2020）第 221486 号

广西师范大学出版社出版发行
（广西桂林市五里店路 9 号　邮政编码：541004
网址：http://www.bbtpress.com）
出版人：黄轩庄
全国新华书店经销
北京博海升彩色印刷有限公司印刷
（北京市通州区中关村科技园通州园金桥科技产业基地环宇路 6 号
邮政编码：100076）
开本：787 mm × 1 092 mm　1/16
印张：10　　　字数：125 千字
2021 年 1 月第 1 版　　2021 年 1 月第 1 次印刷
定价：69.80 元

前言

陕北温暖的土炕上，姥姥把摇篮里的孩子哄睡了，拿出剪子剪窗花，阳光透过窗花映照在孩子熟睡的脸庞上；

夜色中的村社戏台，一盏朦朦胧胧的油灯，几个皮影，一段唱腔，变幻出了一个浓墨重彩的影像世界；

村里，一群健壮的男人正在为一座房屋架大梁，这种靠着榫卯构件互相咬合来建房屋的技艺，在我国建筑工匠的手中传承了千年……

这些手工技艺、传统表演技巧、传统礼仪等，我们称之为非物质文化遗产（简称非遗），它蕴含着几千年来中华民族的文化精髓，蕴藏着中华民族独树一帜的思维方式和审美习惯，是古人留给我们的精神财富，也是遗留在人类文明历史长河中的一颗又一颗美丽的珍珠。尽管一代又一代的中国人曾浸染在这些传统、习俗和技艺中，但随着社会生产方式的改变与现代科技的进步，一些传统技艺和艺术形式逐渐退出了社会舞台，被人们忽视甚至遗忘。

为了更好地保护和传承传统文化，国务院决定，从2006年起，每年六月的第二个星期六定为中国的“文化遗产日”（2017年改名为“文化与自然遗产日”）。

我们也在思考，如何让这些宝贵的文化遗产走入我们的孩子中间，让孩子更好地了解它们，亲近它们，体会它们的魅力与价值。

出于这样的初衷，广西师范大学出版社联合中国艺术研究院的部分专家共同打造了这套“小小传承人：非物质文化遗产”系列图书。这套丛书按照传承度广、受众面大和影响力深等标准，精心挑选了我国入选联合国教科文组织人类非物质文化遗产代表作名录的代表性项目，通过对它们发展脉络的梳理、传承故事的讲述和文化内涵的阐释，向孩子展示非遗独特的人文魅力和文化价值，让孩子认知非遗，唤起孩子对非遗的热爱。

把历史、民俗、地理等知识融合在一起，用不同形式的精美实物图和手绘图穿插配合，诠释文字内容，以及边介绍边拓展边提问的互动问答设计……书中所有的这些构思设计都是为了让孩子更好地知晓古老习俗、技艺的发展和演变，体味匠心独运的巧妙，领悟古人的智慧、审美和创造力，传承博大精深的中华文化。

习近平总书记指出，中华文化延续着我们国家和民族的精神血脉，既需要薪火相传、代代守护，也需要与时俱进、推陈出新。

我们为此而努力着。

我们希望，每一个中国人都是中华文化的传承人。

本书使用方法

小贴士

小贴士关注提示

人物小贴士

相关人物介绍提示

篇章相关知识点拓展

知识点拓展关注提示

问答题、选择题

选择题答案选项

前面选择题的正确答案

可以在问题下面的横线处写上答案

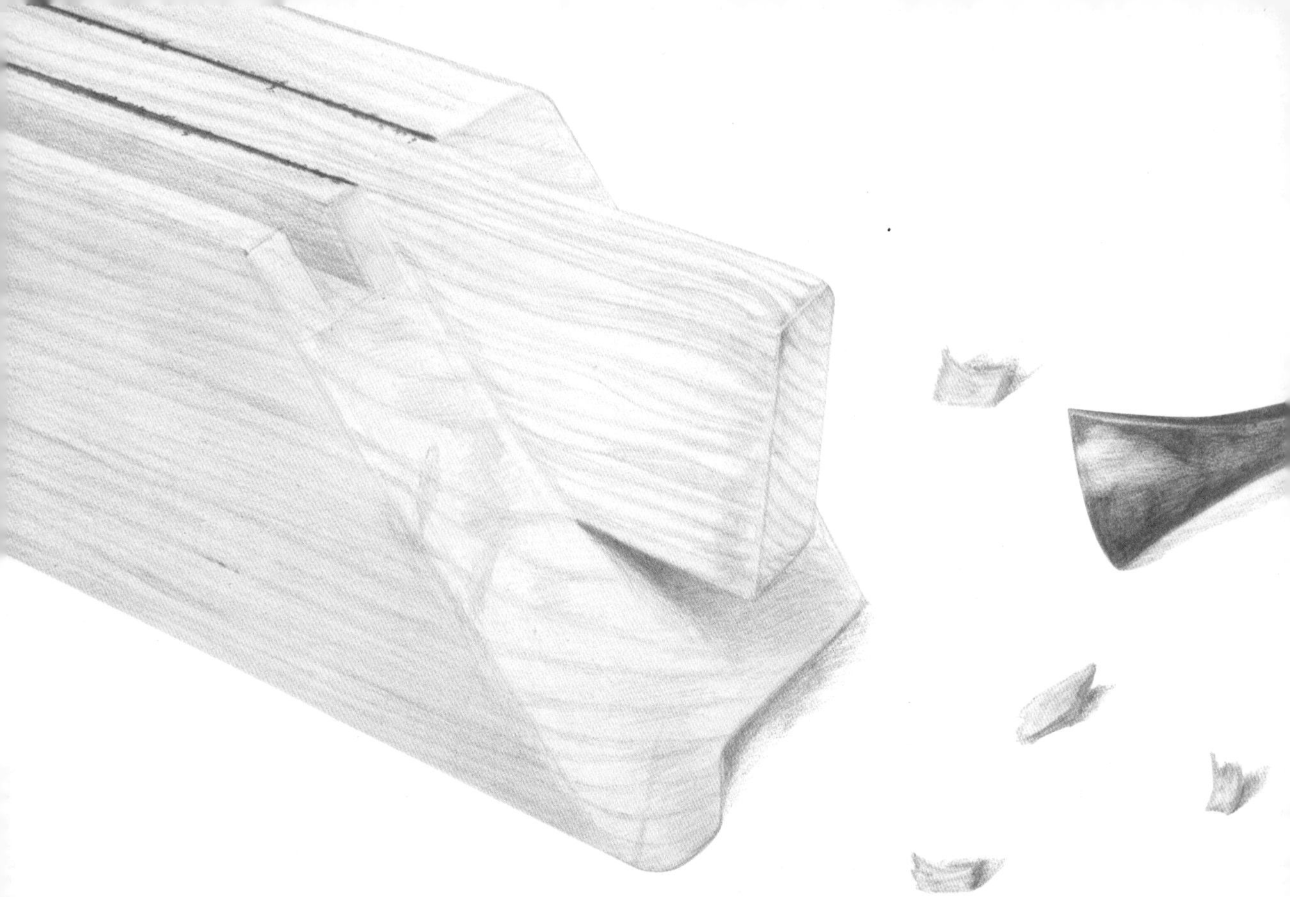

1 木结构建筑营造技艺中的“营”

2 木结构建筑营造技艺中的“造”

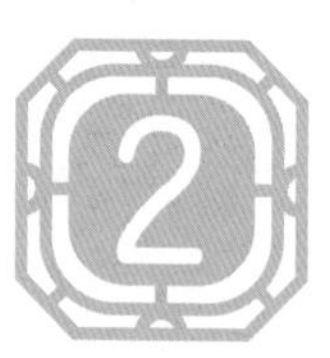

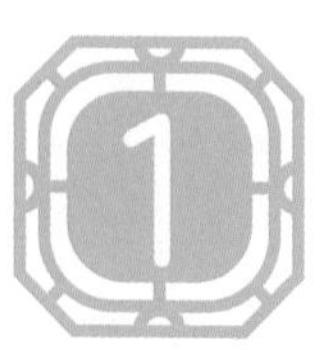

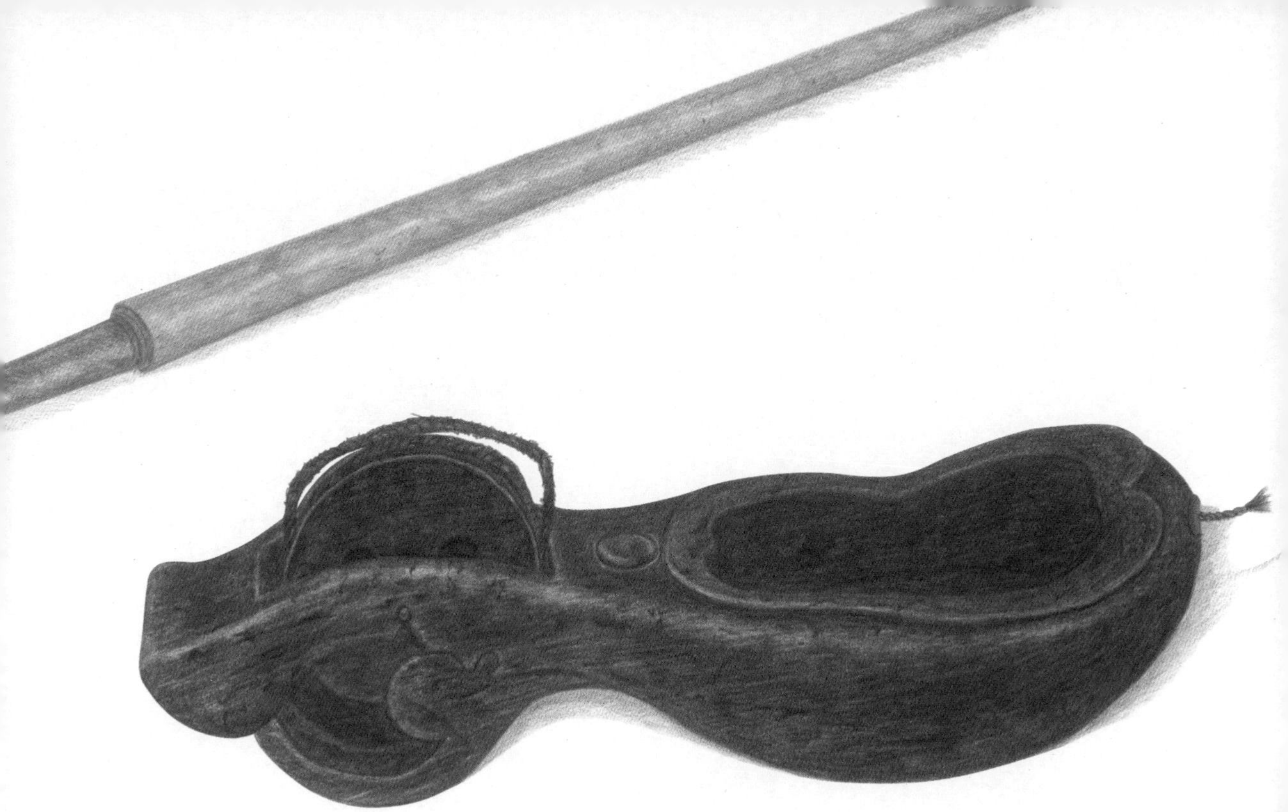

3 几种典型的木结构建筑营造技艺

4 木结构建筑营造技艺的传承者和保护者

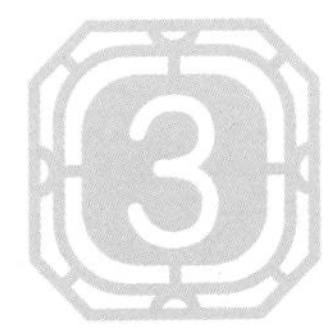

木结构建筑营造技艺中的“营”

中国人善于从自然中获取生存、生活所需，选择木、依赖木，从构木为巢（cháo）、钻木取火，到用木头制作工具、架构房屋，木结构建筑营造技艺中的“营”是施工之首。那“营”什么？如何“营”呢？让我们在这一章中领略木结构建筑技艺之“营”的智慧。

中国人与木的不解之缘

你有没有仔细观察过身边都有哪些木制品？也许，此时你正坐在木椅上、伏在木桌上、手中握着木质铅笔写字。环视一周，你或许还发现家里的衣柜、床以及地板都是用木头做的。你会发现，自己的生活跟木头有很紧密的关联。

生活在城市中的我们看到的都是钢筋混凝土建成的高楼大厦，怎么能够想到，古时候的中国是名副其实的木结构建筑王国。人类的聪明之处就在于善于从大自然中获取生活资源，身边有什么材料就取什么材料来用。树木是现成的，用来盖房子方便，所以人类的房子早期很多都是木结构的。如果把一座木结构建筑比作人的身体，木结构就像人体的骨骼，架构起建筑的整体轮廓。工匠们再砌上砖，盖上瓦，雕梁画栋，最后把它建成头戴礼帽、身穿华丽服饰、脚蹬高靴的华美建筑。

我国历朝历代都钟情于木结构建筑，兴建具有自己时代特点的木结构建筑。尽管木头容易腐烂、被虫蛀、被火烧毁，历史上很多有名的建筑变成了传说或遗迹、遗址，能够完整留存下来的凤毛麟角，但从众多历史资料中，我们可以看到古代中国对木头的大量使用，这与人们长久以来的观念、生活习惯和风俗有关，也与我国古代工匠对木头性质的了解及

对木头的善用分不开。

过去中国一直处于农耕社会，农民是社会主要的劳动力。想象一下，农民每天从木结构房子中醒来，坐在木凳上，拿起木筷，端起木碗，吃完摆放在木桌上的饭菜，跨出木门，走到地头，开始劳动。他耕作的田间地头，或许长着一棵和别处不一样的树。年复一年，这棵树从小树长成了参天大树。树默默地陪伴在他的身边。在日复一日的劳作中，他从青年人变成了老年人，他的生活已经和这片田地、这棵树联结在一起。他对土地以及土地上生长出来的一切都产生了自然而然的喜爱，对这一切都有着深厚的依恋之情。在田地里忙碌了一天，太阳要下山了，他收拾农具往家走，打开木门，抱起墙根的木柴走进厨房开始烧火做饭。你看，他的生活，哪一天不是满手满眼的“木”？哪一样不映照着“木”的影子？农耕文明造就了古人对土地和树木很深的喜爱和眷恋之情。

“木”已经深深地刻进中国古人的观念中。古人认为，木代表春天的生机，是生命的根本。“木者，春生之性。农之本也。”（董仲舒《春秋繁露》），古人已经达到人与木不能分离的程度，人活着时住在木结构的房子里，死去还要住在木房子（棺椁 guǒ）里，从生到死，每时每刻都离不开木。

《春秋繁露》

西汉思想家、政治家董仲舒的代表作，集中体现了董仲舒的政治哲学思想，即以儒家思想为中心，杂以阴阳五行学说的思想体系。顾名思义，这本书是对《春秋》大义的一种解释和发挥。《春秋繁露》共存篇目八十二篇，宋朝以后，阙文三篇。

中国古人喜欢将建筑与自然环境相结合，重视土地以及土地上的生长物，注重“接地气”。古人在建造住宅、宫殿、官衙(yá)和寺庙等建筑时，在布局、选材和建造上，都颇费心思，力求让建筑物更好地融入自然之中。

官衙

旧时对政府机关的通称。

历代帝王把对土地的占有作为王权统治的权威标志，管辖范围内的土地都归他所有，“溥天之下，莫非王土”。为了“脚踏实地”地立于大地之上，中国传统建筑不像西方建筑那样高耸入云，而是平面铺设修筑。中国古人也不像西方人那样强调建筑物要千年不朽、永世长存，他们喜欢改变，希望建筑易于改造。每次朝代更迭，都会依新君主的喜好来

董仲舒

西汉思想家和政治家。汉景帝时任博士，讲授《公羊春秋》。汉武帝下诏征求治国方略，董仲舒在《举贤良对策》中系统地提出加强中央集权制的主张，并建议“罢黜百家，独尊儒术”，为汉武帝所采纳。

改造宫廷建筑。木头相比石头更易于运输和加工，也为这种改变提供了可能。古人由生产和生活中自然生发出的对“木”的喜爱，对土地和土地之上各种生物甚至建筑物的喜爱和依恋，都为中国产生独特的木结构建筑营造技艺，以及这种技艺一代一代地传承并不断发展创造了条件。

中国古代钟情于用木头作为建筑材料，因为木材容易积累、储备；木比石轻，方便运输；木的材质较软，易于加工，耗材少、效率高；木结构建筑易于扩建和改造。

你可能去过很多地方，看到过各式各样的建筑，下面哪些是木结构建筑？

你能选出正确的答案吗？请在正确的答案后面打“√”。

答1 故宫 □

答2 长城 □

答3 金字塔 □

答案在第10页

“营造”的初级状态

中国人喜欢木头，过去主要是用木头造房子。最早用木头造房子的人是谁，造的房子又是什么样子的呢？

传说有一个人，他出生于苍梧山（现湖南宁远县九嶷山），曾经游历过仙山，得到过仙人指点，所以有了超人的智慧。他看到人们经常面临野兽的攻击，便想方设法要解决这个问题。他观察喜鹊在树杈上筑窝时受到启发，指导人们用藤条和树枝在高大的树干上构筑巢穴，巢穴的四周和屋顶用树枝遮挡严实，既能挡风避雨，又能躲避野兽的攻击，从此人类不再担惊受怕，过上了温暖、安全的有家生活。人们感激他，尊称他为“有巢氏”。

《庄子》记载：“古者禽兽多而人民少，于是民皆巢居以避之”。

《庄子》

战国时期哲学家、道家学派代表人物庄子及其后学的著作。《庄子》一书在汉代未被重视，到魏晋时期才产生重大影响，它和《周易》《老子》并称为“三玄”。

随着建巢技术的提高，人们对巢居生活有了更高的要求，比如不断扩大巢内的居住空间，从在单棵树上建巢发展成将多棵树连在一起建巢等。但是，巢居的生活方式要求人们每天都要爬上爬下，出入很不方便。慢慢地，人们开始在地面上仿巢建屋。这种屋子就是早期的干栏式建筑，又称“长脚的房屋”，是底部用木头做支架，抬高上部脱离地面的房屋。

干栏式建筑

现在我国长江流域以南地区还保留有这种样式的建筑。

生活在南方的人构木为巢，那时候，生活在北方的人也住在巢里吗？南北方的自然环境差异很大，对于居住在北方的人们来说，他们的居住环境地势较高、气候干燥少雨，因而天然的洞窟就是很好的住所。北方的人们学会了用木棍、骨器、石器在黄土断崖上掏挖出洞穴居住。后来与南方一样，由于人们对居住空间的要求不断增多，已有的洞穴限制了人们的活动，所以北方逐渐发展成半穴居的住宅形式。新石器时代仰韶文化的住宅就采用木材架构的半穴居形式。《易经·系辞下》中记载：“上古穴居而野处，后世圣人易之以宫室，上栋下宇，以待风雨，盖取诸大壮。”

构巢与挖穴，可以说是人类营造活动的开始。巢居和穴居，也被看作人造居所的雏形。

仰韶文化

中国新石器时代晚期文化，以河南渑池仰韶村遗址命名。主要分布在黄河流域中游地区。

《易经》

一部经过中国历代哲学家的阐释发展而成的哲学著作，被誉为“群经之首，大道之源”。《易经》分为三部，夏代的《连山》、商代的《归藏》以及周代的《周易》，并称为“三易”，但《连山》和《归藏》已经失传。所以，今天我们所称的《易经》一般指的是《周易》。

原始巢穴的演变

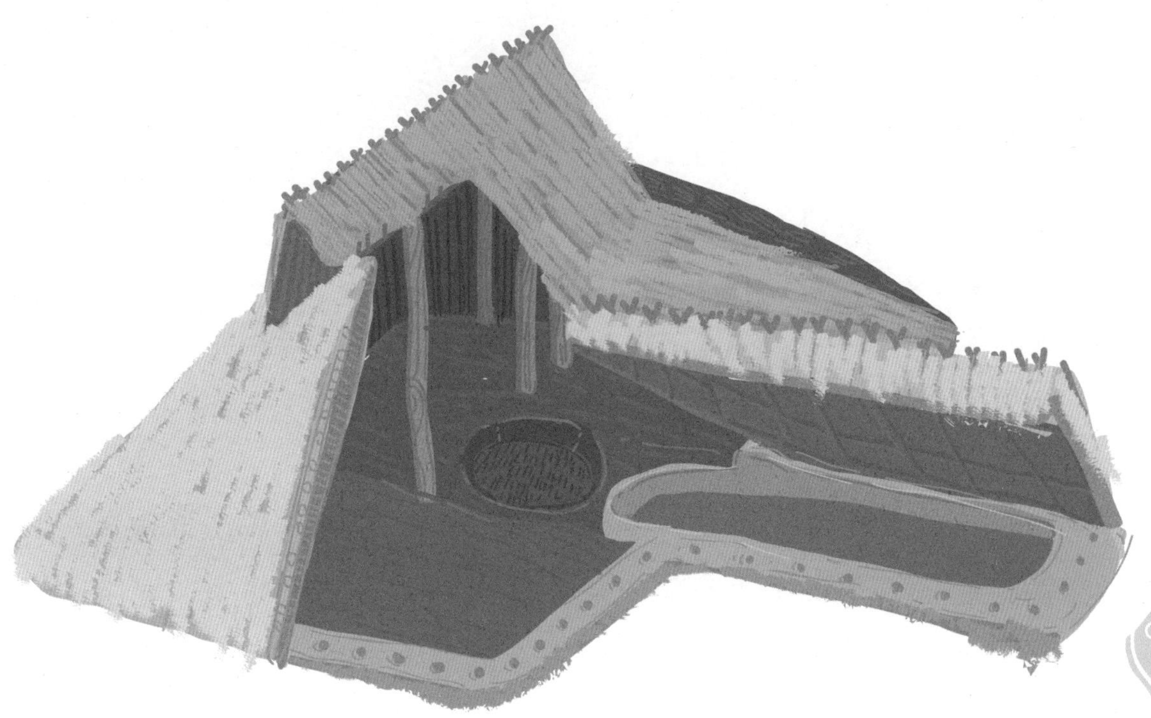

“营造”的初级状态

人们在浙江余姚河姆渡遗址发现了现存最早的干栏式建筑的遗迹，说明这种建筑形式在七千多年以前就已经存在，这是我国古代南方人的主要居住形式，如今在依山傍水、潮湿的南方地区依然存在。

问

假如穿越到新石器时代的黄河流域，你会怎样解决住的问题？

你能写出答案来吗？

答

造屋与成家

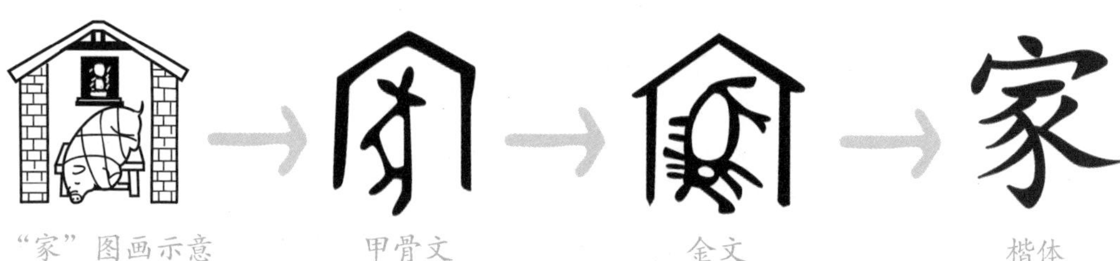

“家”图画示意　甲骨文　金文　楷体

原始人在树上搭窝、地上挖洞来躲避野兽猛禽，抵御风雨严寒，只是出于生存的本能，并没有要求住所明亮、宽敞和舒适，他们也还没有家的概念。随着人类社会的发展，开始有了家的概念。家是什么？我们从汉字“家”的组成来看看古人对家的认识。“家”字由“宀”“豕（shǐ）”两部分组成，“宀”为屋，“豕”为猪，从字面上看，把野猪（豕）圈在屋中就是“家”了。为什么猪在屋里就组成“家”而不是人在里面组成“家”呢？

传说猪的先祖非常狡猾灵敏，经常糟蹋农田里的庄稼，还吃家畜和人。后来人们制服了它们，并把它们圈养起来。因为房子里有猪，人们不用再四处游猎捕食，心得以安定，感觉到了生活的温暖和惬意，房子里有猪就有了人家，所以猪（“豕”）与“屋”就组成了“家”字。

人们有了对家的需求和渴望后，承载“家”的房屋相应产生。房屋是工匠在地上建造的上覆屋顶、四面围墙，为人们挡风遮雨、防寒保暖的固定场所。家则是以血缘为纽带的亲情共同体，是温暖的港湾。房屋是家的物质载体，久而久之，家人一同居住的房屋也成了人们美好亲情的寄托。造屋的真正目的是安家，古人认为，安家才能使人安心、踏实，成就自己的事业和理想。在中国古代“成家立业”是一个男人一生的必然经历。当男孩长大成年时，父母开始为他张罗结婚成家的事情，而要成家，第一件事就是造新房。新房造好后才举办婚礼。新人从此在新房中共同生活、繁衍后代，开始自己的家庭生活。

古人有了对家的向往和追求，有了造屋过家庭生活的观念，继而也就产生了造屋的技艺。房屋既有坐落在市井之间的，也有浮在水面上的。渔民常年生活在水上，居住在渔船上，他们把渔船当作家，亲切地叫它“船屋”。

木船

古代身处水乡的人们生活、出行和劳动的重要交通工具。人们在长期的生产生活实践中形成了独特的木船制造技艺，造出的木船坚固耐用、轻盈灵巧，吃水浅、浮力大、载重多。这些木船多用于内陆水系。2008 年，传统木船制造技艺、水密隔舱福船制造技艺以及龙舟制作技艺被列入第二批国家级非物质文化遗产代表性项目名录；2010 年，中国水密隔舱福船制造技艺被联合国教科文组织列入急需保护的非物质文化遗产名录。

问

家字由“宀”“豕”组成，其中“豕”是一种动物，你知道是什么吗？

你能选出正确的答案吗？请在正确的答案后面打“√”。

答1 牛 □

答2 猪 □

答3 羊 □

答案在第 20 页

酒

选好址，布好局

古人造房子是不是像我们搭积木一样，把木头一层层摞起来就成了？木结构建筑营造技艺的“营造”两个字告诉我们，造房子并不简单，在建造之前要先经营。

古人十分讲究，为了造好一座房屋，有太多事要操心，要绞尽脑汁，甚至要请人来帮忙筹划。比如，选哪个地方造房子，哪面造正房，大门朝哪开，材料用什么、各种材料用量多少、需要多大尺寸的木料……为了住得舒心、幸福，首先要考虑的是选址。一块地如果方方正正，北边有能够阻挡寒风的山岭，南边是没有遮挡的平地，阳光充足、通风流畅，附近还有日夜奔流的河水，就会被认为是一块宝地。

古人选好房址后，接下来又要考虑怎样布局设计。群居生活过久了，古人感到屋外空间太开放，一些隐私容易被别人看到，要时刻注意自己的行为合不合适。可是若为了保护隐私尽量减少出屋，活动又太受限，如果屋外有一块相对封闭的只属于自家的场地就好了。于是，古人以房屋后山为后墙，在距房屋一段距离的前方修建院墙，围出相对独立的空间，这就形成了庭院。有了庭院，接

庭院

正房前的一块空地，泛指院子。

下来就要考虑如何布局使房屋与庭院融为一体。房屋有主、次之分，一家之主住的正房坐北朝南，位于庭院的中线上。中线两侧各有一座厢房相向而立，伴于正房左右。庭院里栽种上花草树木，大的庭院还会有山水风景，增添勃勃生机，形成人与自然浑然天成的和谐景象。

布局完成后，设计房子的工作要交给有经验的工匠来完成。古代房屋都是分等级的，可不能随心所欲。最高等级的

朱棣

明代皇帝。明太祖朱元璋第四子。洪武三年（1370），受封燕王。建文元年（1399）发动靖难之役，四年（1402）元月攻入京师（今江苏南京），夺取皇位，次年改年号为永乐。永乐十四年（1416）开工修建北京宫殿，十九年（1421）迁都北京。

房屋自然由高高在上的皇帝居住。皇帝的房子就连屋顶上的走兽数目都是最多的，设计起来既烦琐，又要很精细。皇帝稍微有一点儿不满意，工匠的脑袋可能就要“搬家”了。据说，明成祖朱棣(dì)建造故宫角楼时，给工匠们出了一个难题——在宫城四个角上各盖一座与众不同的楼，每座角楼要有“九梁十八柱七十二条脊”。负责此事的大臣就把任务派给了工头和工匠，让他们在三个月之内必须拿出设计稿，拿不出就要杀头。大家听完一筹莫展。一个木匠师傅实在待不住了，就走到大街上溜达。突然，他被街边秸秆编的蝈蝈笼子吸引住了，发现其中一个蝈蝈笼子特别像一座楼阁。于是他买下来打算解解闷，没想到这个笼子正好有九梁、十八柱、七十二条脊。工匠们受到启发把各种几何图形互相叠加、相互穿插，设计出了比蝈蝈笼子复杂得多的角楼，见到它的人都会不由自主地感叹它设计的巧妙和造型的独特，以及自然流露出来的建筑之美。

问

如果你得到了一块地，可以造房子，你要怎么布局、设计呢？

你能写出答案来吗？

答

伐木为材，因材施用

房屋的选址、朝向和式样确定了，就可以憧憬住在新房里舒舒服服过日子的美好生活了吗？先别着急，还有很多东西要准备，其中最重要的就是木材。

木材从哪里来呢？工匠们拿起斧锯，走进树林，敲敲这根，搂搂那根，选哪些作柱、哪些作梁、哪些作檩（lǐn），心中都要有数才行。一般来说，作主梁的木材最难选，不但需要形状笔直，还要质地坚硬。

木材选好后，伐木工人开始砍伐树木。但能够在山林，甚至是到千里之外大量砍伐树木以修建房屋的其实只有皇家、官家或者富贵人家，普通老百姓可负担不起，他们都是就地取材。老百姓盖房子用的木材，尤其是主梁用的木材，用的是自己栽种出来的树木。树木与孩子同时生长，孩子长大成人，准备娶妻生子时，原来栽种的树木也已成材，这时就可以把树木伐倒用来建新房子。

人们把木材抬回家后，要根据房屋不同部位的需要，把这些木材按照不同的特点，分别放置。木材因为材质不同，“身价地位”也不同，清代李斗在《工段营造录》中记载了工匠们根据木材重量来划分等级。重量大、纹路细、硬度大的木

李斗

生卒年不详，清乾嘉时人，字北有，号艾塘，江苏仪征人，好游历。著有《扬州画舫录》，其中第十七卷《工段营造录》记述了园林建筑的施工方法以及料例等内容，是研究清代园林工程的重要资料。

材级别高，像入水即沉、虫蚁不蚀的紫檀木、铁梨木更是珍贵。

楠

樟

杉

紫檀

铁梨

花梨

皇家宫殿、陵寝和坛庙多用楠木作梁、柱，杉木作檩、椽，柏木、楠木、樟木作斗拱等。明代每当有重大建筑的营造，都要到四川、浙江、江西等地，采伐楠木、花梨木、檀木、樟木、杉木等木材。据说，太和殿柱子的原料都是来自南方原始森林的楠木。为采伐这些木材，很多人都丢了性命，正所谓“入山一千，出山五百”。之后，伐木工还要把木材运出山林，运到京城，其中的辛苦劳累可以想象。

树木生长缓慢，尤其珍贵而巨大的木材，更是需要上百年的生长期。由于无节制的砍伐，清代以后，营造或修建大工程时，因为楠木非常短缺，就改用黄松作主要材料，因此，清代与明代在用材方面出现明显的差异。我们今天看到的太和殿的柱子在清朝重建时就被换

成了松木。巨大木材的严重缺乏，使拼合柱被广泛采用。拼合柱就是把现有的小木料拼接成一根整柱，各块材料之间的内部用“暗鼓卯”和“楔”的方法拼合后，再将铁箍包在柱外用以加固。

拼合柱

就地取材，指在进行建筑施工时，采用当地符合质量要求的材料，以减少成本，缩短工期，提高效率。清代李渔《笠翁偶集·三·手足》载：“噫，岂其娶妻必齐之姜，就地取材，但不失立言之大意而已矣。”

问

根据温度、湿度的不同，南北方种植的树木也不同。你生活在哪里？当地主要种植的树木是什么品种，有什么特点呢？

你能写出答案来吗？

独木难以担重任

木材备好了，房架子搭起来了，可是遇到刮风下雨、酷暑严寒时怎么办？房子应该为我们挡风遮雨、御寒保暖呀。捋一捋，看看还需要准备哪些材料吧：地基要夯（hāng），台阶要垒，墙壁要砌，屋顶要盖，那就少不了土、石、砖、瓦。对聪明的古人来说，这可难不倒他们。没土？为了引水灌溉，不是

曾经挖过一条河道吗，挖出的泥土堆在了河道旁，现在可以把这些泥土拉回来做房基；从中挑选有黏性的制作成坯子，放到窑里烧制，砖、瓦不是也有了？石料也不用愁，全家出动再找上亲戚朋友，一人拿一根粗木棍，去山里撬石头。

石头采好了，怎么运下山呢？大家把手里的木棍摆放在地上，将石头抬放在木棍上，让石头滚着下山就好了。其他材料可以从集市上买回来。

只用这些材料建造房屋，虽然能够建成，但还不够美观，古人还要准备白灰、油漆、颜料等，把房屋装饰一新。平常百姓家的屋顶都是灰灰的，可是宫殿、庙宇的屋顶上却是五颜六色的，这是为什么呢？这是因为这些建筑的屋顶上铺着一种特别的瓦——琉璃瓦。

传说，越王勾践被吴王夫差打败后，卧薪尝胆要报仇。

辅佐越王的范蠡奉命为越王督造一把王者之剑，剑锻造完成时他在矿渣中发现了一种晶莹剔透的物质，于是将其和剑一起进献给越王。越王很高兴，给这种物质赐名“蠡”并赐给了范蠡。后来，越王派范蠡遍寻美女，准备让美女训练后去迷惑吴王。西施被选中。训练过程中，范蠡对西施产生了感情，他把蠡赠送给西施。很快，越王开始实施“美人计”，

黑色琉璃瓦盖顶的文渊阁

身负重任的西施不得已离开范蠡去往吴国。分别时，她把蠡还给范蠡，伤心的眼泪滴在蠡上。也许是二人的情意感动了上天，这滴眼泪永远在蠡上流动，后人便称它为“流蠡”（琉璃）。这个传说虽然不可当真，但却为琉璃烧制技艺增添了传奇色彩。

神奇多彩的琉璃瓦造价非常高，有“一片瓦，一两银”的说法。后来，琉璃瓦渐渐成了皇家的专用材料，对它的使用还被写入了清代法律制度：未经皇家许可，大臣和老百姓不得使用琉璃瓦。不仅如此，对琉璃瓦的颜色使用也有很严格的规定，只有皇宫和皇家所建坛庙的屋顶可以用黄琉璃瓦，亲王、郡王府则可以用绿琉璃瓦。如今，封建王朝早已灭亡，琉璃制品已进入寻常百姓家。

琉璃烧制技艺

北京市门头沟区、山西省地方传统手工技艺，2008年被列入第二批国家级非物质文化遗产代表性项目名录。琉璃制品的烧制一般要花费十多天时间，经过多道程序才能烧制完成，需要先配料制坯，晾干后入窑烧胎，之后再配色上釉，后装窑嫩烧。历史上的琉璃多用于宫殿、陵寝、寺院、庙宇、宝塔等建筑上。

问

你去过北京的故宫吗，故宫三大宫殿的屋顶是什么颜色的？

你能选出正确的答案吗？请在正确的答案后面打“√”。

答1 绿色 □

答2 黄色 □

答3 黑色 □

答案在第37页

琉璃瓦

木结构建筑营造技艺中的“造”

木结构建筑营造技艺中的“造”，是建筑建构得以呈现的重要过程。木结构建筑由谁来“造”？怎么“造”？木匠团队如何分工？需要用到什么工具？如何在造成的基础上增加美感和舒适度？建造过程有何习俗和禁忌？让我们一起领略木结构建筑之“造”的神奇。

美丽房屋的缔造者

树木是如何变成屹立千百年而不倒的房屋的？答案是手艺。“手”自然是人的手，是具有娴熟的木结构建筑营造技艺的工匠的手。这一双双手不会很漂亮，上面布满了老茧(jiǎn)和裂纹，那是因为常年辛苦的劳作侵蚀了它们。但正是这一双双粗糙的手，造出了精美绝伦的亭台楼阁，成就了中国建筑的美。

古人认为“构大厦者，先择匠而后简材”，简在这里通“柬”，是选择的意思。这句话说的是在建造房屋之前，先要选好工匠，然后再准备材料，可见对工匠的选择非常关键。木匠、泥水匠、瓦匠、石匠、油漆匠、裱(biǎo)糊匠……许多工种的匠人组成了工匠队伍。一座建筑的完成是这些工匠合作的结果。其中，制作木结构的工艺即木作工艺是整个建筑工艺的关键。

木作工艺分大木作和小木作，相应地也就有大木匠和小木匠。大木匠负责搭建柱、梁、枋、檩等主要木结构部分。小木匠承包了剩下的木装修活儿，像门窗、栏杆、天花板、家具等等。大木作的木匠是工匠的核心，

造房屋时，大家都要听他的指挥。这个人不仅要能够规划设计建筑，工具操作娴熟，技术高超，而且还要能了解其他工匠的性格和能力，让每个人都发挥出各自的长处。甚至，他还要能对每一棵树的特点了如指掌。

任何一个木匠要想承担起“顶天立地”的重任，都要经历多年磨炼，起码要三五年才能出师。俗话说“锯一刨二墨

三年，斧头一世难周全”，看来一个木匠要掌握这全套木工活，一辈子都要学习、精进，而不是学了几年，自己掌握了一点儿技能，就觉得可以出师了。《小熊猫学木匠》的动画片不知道你看过没有？片中的小熊猫学到一点点木匠的锯、刨、凿、插接、黏合等技能，就兴冲冲地去帮长颈鹿大婶修腿坏了的饭桌，帮大象伯伯修漏水的浴缸，帮小猴子修缺了口的木箱，结果不仅帮了倒忙，还把自己钉在了木箱里差点儿被闷死。他只是去修一些小东西，却差点儿送了命，如果去造大屋子，后果又会怎样呢？房屋造不好易倒塌，将直接危及人的生命。可以说，木匠的每一个动作都关乎住房人的生命安全，他们必须认真对待每一道工序和每一步操作。

枋

两根柱子间起连接作用的方形横木。

檩

架在屋架或山墙上面用来支持椽子或屋面板的长条形构件。也叫“桁（héng）”或“檩条”。

中国古代建筑中，有些砖、瓦等器物上会出现制作工匠的名字，不过，这不是为了奖励，而是为了追责。如果哪位工匠做的东西出现了质量问题，根据上面刻的人名就能找到这位工匠来承担后果。春秋时期，这个规定已

《考工记》记载：“攻木之工，轮、舆、弓、庐、匠、车、梓。”可见，春秋时的木工已分工很细。后世分工都有调整，如宋代时，平綦（天花板）、藻井、钩阑（栏杆）等房屋附属物的制作是小木作，锯作划在大木作之外，而明、清时这些都被归入大木作。

经施行，可见古代的领导者为防止“豆腐渣”工程的出现，也是想尽了办法。

在历史上，人们知道得最多的往往是建筑的使用者或者工程的主持者，真正的建造者——工匠，却因为社会地位低下，没有多少人关注，大多湮没在历史中。

工匠在凿榫卯

刻有工匠名字的墙砖

问

制作木结构的工艺是木作工艺。木作工艺需要哪一类工匠完成？

你能选出正确的答案吗？请在正确的答案后面打"✓"。

答1 泥水匠 ☐

答2 木匠 ☐

答3 瓦匠 ☐

答案在第 42 页

工具的选择与应用

材料备齐了，还需要准备顺手的工具。工匠们要把一座结实美观的房屋建造起来，离不开各种工具的帮助。

“拉大锯扯大锯，姥姥门前唱大戏……”大家对这首游戏儿歌是不是很熟悉？大人与孩子面对面坐在床上，孩子的小脚丫被夹在大人的小腿间，大手拉起小手，你拽一下我拽一下，一来一往就像两个木匠对坐拉锯锯木头。你见过锯吗，知道锯长什么样子，是用来做什么的吗？

古人建木结构房子，锯是不可缺少的工具，可是光有锯也不行，木作还要砍、刨、凿、锤等，就还需要准备斧子、刨子、凿子、锤子、铲子、锛(bēn)子等工具，配合使用这些工具才能完成一项木结构工程。下面，让我们来感受各种工具的神奇力量吧！

答 2
第41页问题
你答对了吗？

锯

锯是用来切割木材的一种工具，传说它是由春秋末期的工匠鲁班发明的。有一次，鲁班到山里伐木时不小心被茅草叶划破了手，他摘下叶子看见茅草叶两边长着锋利的小细齿，受到启发，于是仿照茅草叶的细齿发明了锯。不过这只是民间传说，其实，锯在鲁班出生前很久就有了。考古发现，我国最早的锯是用蚌壳做的，金属锯更是在西周时就已出现。工匠们利用锯伐木。在房屋的建造过程中，锯主要用来将木材截断和开榫。传统的锯是由三根木条组成的“工字形”结构，在它的一侧绷上线，另一侧安上锯条。工匠们在使用锯的时候是推出时用力，拉回时放松，这样一来一往之间就把木材锯断了。

木工刨

线脚刨

木工刨和线脚刨都是刨子。刨子是一种刨平、刨直、刨光并削薄木材的工具。刨子根据形状、功能不同分很多品种但主要都由刨刃和刨身构成。

斧子

斧子则是用来砍、削木材的工具，由斧头和斧柄组成。斧子出现的时间更久远，原始人用作劈器的石头就是它的雏形。斧子不仅是生活用具，有时还是兵器和刑罚用具。

凿子

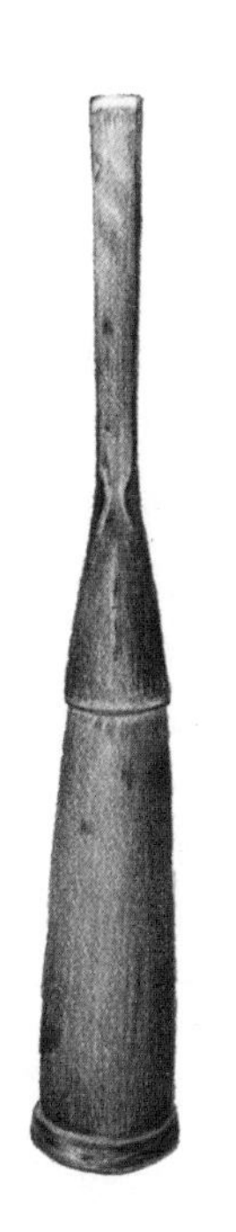

凿子是用来穿孔、挖槽的工具。打眼时，一手握住凿子，一手握住锤子敲击凿子。需开一半的榫眼在木材正面开凿；需开透的榫眼先在木材背面凿一半，再反过来从正面凿透。

画线尺

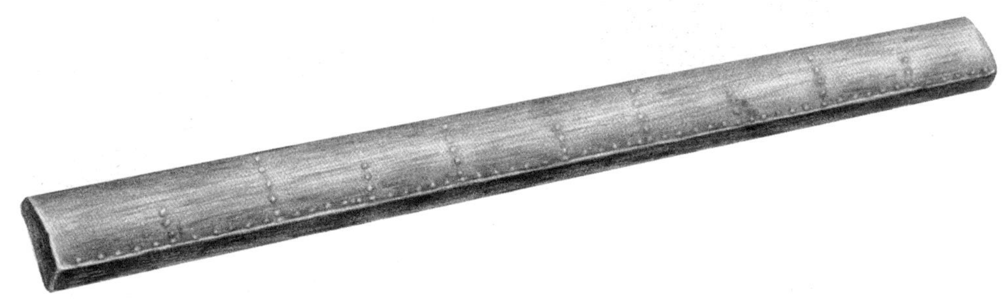

在使用这些工具处理木材之前，还要用到两样工具，那就是画线尺和墨斗。

尺子是我们平时学习和生活中经常用到的一种测量工具，也是木匠工具袋中的必备品。木匠用的尺子丰富多样。古人不仅仅用尺子来测长短，还赋予不同的尺子不同的功用。据说鲁班发明的“鲁班尺”和“丁兰尺”合在一起称为“阴阳尺”。

鲁班尺

全称“鲁班营造尺”，亦作“鲁般尺”，为建造房宅时所用的测量工具。分为八等份，标以“财、病、离、义、官、劫、害、吉（也作本）”八个字，每一个字底下又有四个小字，来标记吉凶。

丁兰尺

每尺为 1.28 鲁班尺。分十格，格上分别刻有“财、失、兴、死、官、义、苦、旺、害、丁”，俗称十字尺。

墨斗

还有一样关乎木结构建筑命运的工具——墨斗。它是在建造房屋的过程中的“总指挥”，各地对它的称呼不一样，有的称呼为“掌墨师”，也有的称呼为“主墨工匠”，指的就是这个重要的工具。墨斗是用来在木材表面画线定位的。你一听这名字，恐怕就会想到墨斗应该像墨斗鱼一样有一肚子墨汁。墨斗主要由墨仓（灌满了墨汁）、墨线（拴着线锥）、线轮（缠着墨线）构成，这几部分怎么发挥作用呢？

木匠将蘸有墨汁的线拉出墨斗，沿着木材一直拉到另一端用线锥固定。墨线被拽直、拉紧后，木匠用手指用力提起墨线中间处后松开，使其垂直弹向木材，一条黑黑的直线便呈现在木材上。木匠们就按照黑线的走向锯木头，正式开始木结构建筑营造。

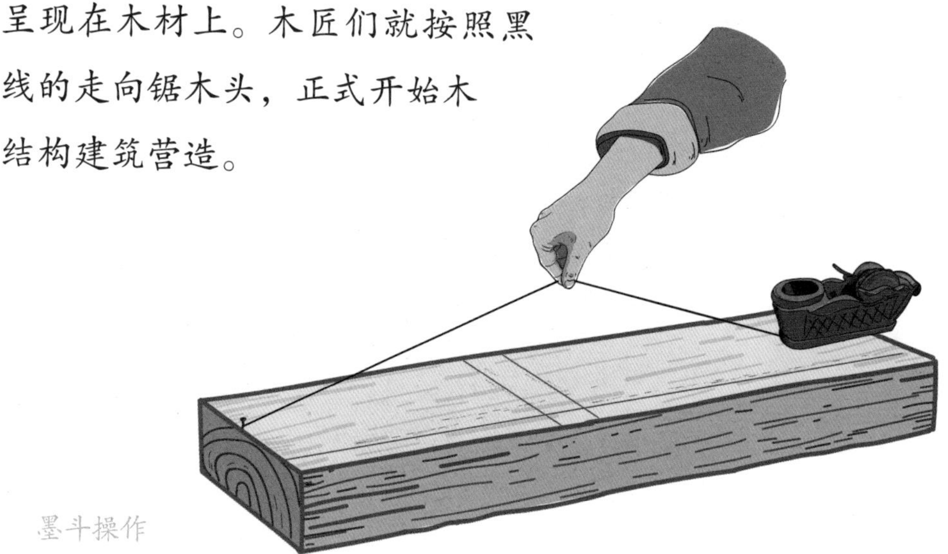

墨斗操作

墨斗不只是木匠珍爱的宝贝，其他工匠也会用到它。有关墨斗的传说、谜语和民间谚语都赋予了墨斗正直的寓意，正如明代民歌《墨斗》道：“墨斗儿手段高能收能放，长便长短便短随你商量，来也正去也正毫无偏向。（本是个）直苗苗好性子，(休认作)黑漆漆歹心肠。你若有一线儿邪曲也，瞒不得他的谎。”

墨斗这个神奇的工具是谁发明的呢？古人认为还是鲁班，传说他从母亲用粉袋画线裁衣服中得到启发，发明了墨斗。不过，墨斗刚造出来时，鲁班每次用墨斗在木头上弹线，都要让母亲帮忙捏住墨线的另一头。有时候遇上母亲在做家务，还得请母亲把手中的活儿放下来帮他，很麻烦。后来，母亲让他做个小钩子拴在墨线的一头上，画线时把小钩子固定在木头一端就可以代替她捏墨线。鲁班听完非常高兴，照着母亲的提议很快做出一个，从此他便可以单独完成弹墨线的活儿了。这样的墨斗一直沿用至今。后来，木匠们亲切地称呼这个小钩子为“班母”。

工匠的工具太多了，在这里主要介绍这几个。接下来，我们赶紧去了解工匠是怎样用这些工具盖房子的吧。

古代工具经历了石器、青铜器、铁器三个发展阶段。铁与木相结合，制作出建造中国古代木结构建筑所需的各种工具：锯、斧子、刨子、凿子、锤子、铲子、锛子、尺子、墨斗等。随着科技发展，电锯、电钻、电刨等电动工具逐渐取代了以往的锯、拉钻、刨子等纯手工操作工具，成为建筑业中广泛使用的工具。

问

宋代诗人秦观曾给苏轼出了一个谜语：“我有一间房，半间租与转轮王，有时射出一线光，天下邪魔不敢当。”你猜猜这是什么东西？

你能选出正确的答案吗？请在正确的答案后面打“√”。

答1 锯 □

答2 墨斗 □

答3 木工刨 □

答案在第 50 页

木结构建筑的营造过程

中国古代木结构建筑中既有辉煌宏大的宫殿、神圣庄严的坛庙、神秘清净的佛寺，也有普通简单的民居。去过很多地方的你，眼中的故宫、天坛、各地的寺庙和民居，外形是不是差别很大？什么原因造成了它们的形态各异？

你可能认为是它们的营造技术和工艺不一样，其实不然。这些建筑之间的不同在于规模形制和外观装饰，木构架的主体结构没有变化，只是宫殿、坛庙、佛寺比民居的体量更庞大、结构形式更复杂。营造它们的技艺大同小异，只是简单和复杂的差别。

答2 第49页问题 你答对了吗？

木料备齐了，工具也备好了，工匠们大显身手的时候到了。我们来看看，一座木结构的房屋在古人的手下是怎样被建造出来的。

古人把选定房子的朝向看作造房子的头等大事。坐北朝南是中国人造房子的最佳朝向，古人用景表板和望筒确定南方，进而确定营造的四个方位。

建筑方位确定好后，施工开始了。首先是夯土，建筑太重，土太松散，时间长了建筑物会下沉塌陷。工匠们在大木墩上对称着钉上两根木棒做提手，两个工匠各拿一边的木棒，同时将大木墩用力抬起、然后猛然砸向地面，把土面夯实。“合抱之木，生于毫末；九层之台，起于累土；千里之行，始于足下。”老子的这段话说的是合抱的大树生长于细小的萌芽，九层的高台筑起于一堆堆泥土，千里的远行是从脚下的每一步走出来的。

中国最早出现的台基全部是夯土筑成的，后来为了牢固和美观，才在土台外面包砌上砖和石。普通人家直接在包上砖石或不包砖石的土台上造屋身和屋顶。皇家、官家和富户认为房子不只是用来住人的，还可以用来炫耀自己的身份地位和艺术品位。工匠们按照他们的要求，画出建筑图纸或制出微缩模型（如清代的烫样），从筑台基开始了复杂的营造。春秋时，各诸侯国争相营造高台宫室，诸侯王都想通过高耸的建筑突显自己高高在上的身份。战国时更是出现了“高宫室，美台榭（xiè）”的潮流，一直到东汉，高台建筑才退出了建筑历史的舞台，变成了后

景表板

《营造法式》："今详凡有兴建，即以水平定地面，然后立表测景，望星以正四方。"明确指出地面的校正要用"水平"。又："取正之制：先于基址中央，日内置圆版，径一尺三寸六分；当心立表，高四寸，径一分。画表景之端，记日中最短之景。"这就是所谓的景表板。

望筒

又称窥筒、游筒、窥管等。在内层组件四游仪的四游双环之间，可绕过双圆心的短轴，在平行于双环的平面内转动俯仰，随着四游双环绕极轴的旋转，可瞄准天球上任何方向的天体。一般为管状，或外方内圆的方管。两端开圆孔，上孔瞄准天体，人目通过下孔观看。

代宫殿的高台基。我们以宫殿的建造为范本，来了解高台基建造好之后的营造流程吧！

高台基上的屋身和屋顶是建筑的主要部分，木结构框架更是其中的主角，它要经过几道工序才能搭建完成。

夯土

首先是备木构件。木匠们根据木材在建筑中的使用位置画线，他们习惯将这道工序说成“线活”。画线需要用到前面提到的那个“总指挥”，即墨斗。俗话说“大木不离中”，木匠在已经初步加工的材料上，使用墨斗中的墨线先标记中轴线，随后标记榫卯大小、位置和其他构件的尺寸等。接下来，木匠按照材料上的线标，制作梁、柱、檩、椽、枋等大木构件。由于木构件太多，为了避免安装时发生错误、造成混乱，木匠在这些木构件上标记安置的位置并按顺序编号。

其次是大木立架。木构件备好后，木结构建筑的主角即将登场，这个主角就是大木立架。大木立架就是把大木构件组装成木框架。这个过程具体是怎么操作的呢？木匠们需要一步步进行，安装前要对这些大木构件进行细致的检查，检查没问题后在地面上先试装。试装完成后，木匠会给各构件编号，每组构件用绳子捆实放好备用。然后木匠按照编号开始正式安装，他们按照从下至上、从内到外的顺序先从下面的立柱装起。柱子立好，再把一些称作额枋的木料插入立柱上头的卯口中，在额枋下端接合处钉入小片的木料进行固定。这些小片的木料叫

木楔(xiē)子。立好的柱子固定后，就可以安装其他的木构架，还要进行调整和认真检查，真正做到“横平竖直”。

额枋

中国古代木构架房屋中用在檐柱间的联系构件，承托斗拱和横向的梁架，用以增强柱网的稳定性。

然后就是组装屋身和屋顶的承接构件——斗拱。斗拱围圈安在额枋上。屋身的木框架组装好后就可以开始组装屋顶，也就是组装斗拱之上的各个构件，按照梁—柱—梁的顺序逐层向上组装。

大木立架

接下来是装檩和铺设屋顶。先从最主要的脊檩开始从上至下安装，因为屋顶要成斜坡，下面的檩需要对齐上面檩的中线，顺直排列。此时，大木立架基本完工，接下来就是铺设屋顶。先在檩上垂直铺设椽子，铺好后在上面钉望板、檐椽，大木作完工。

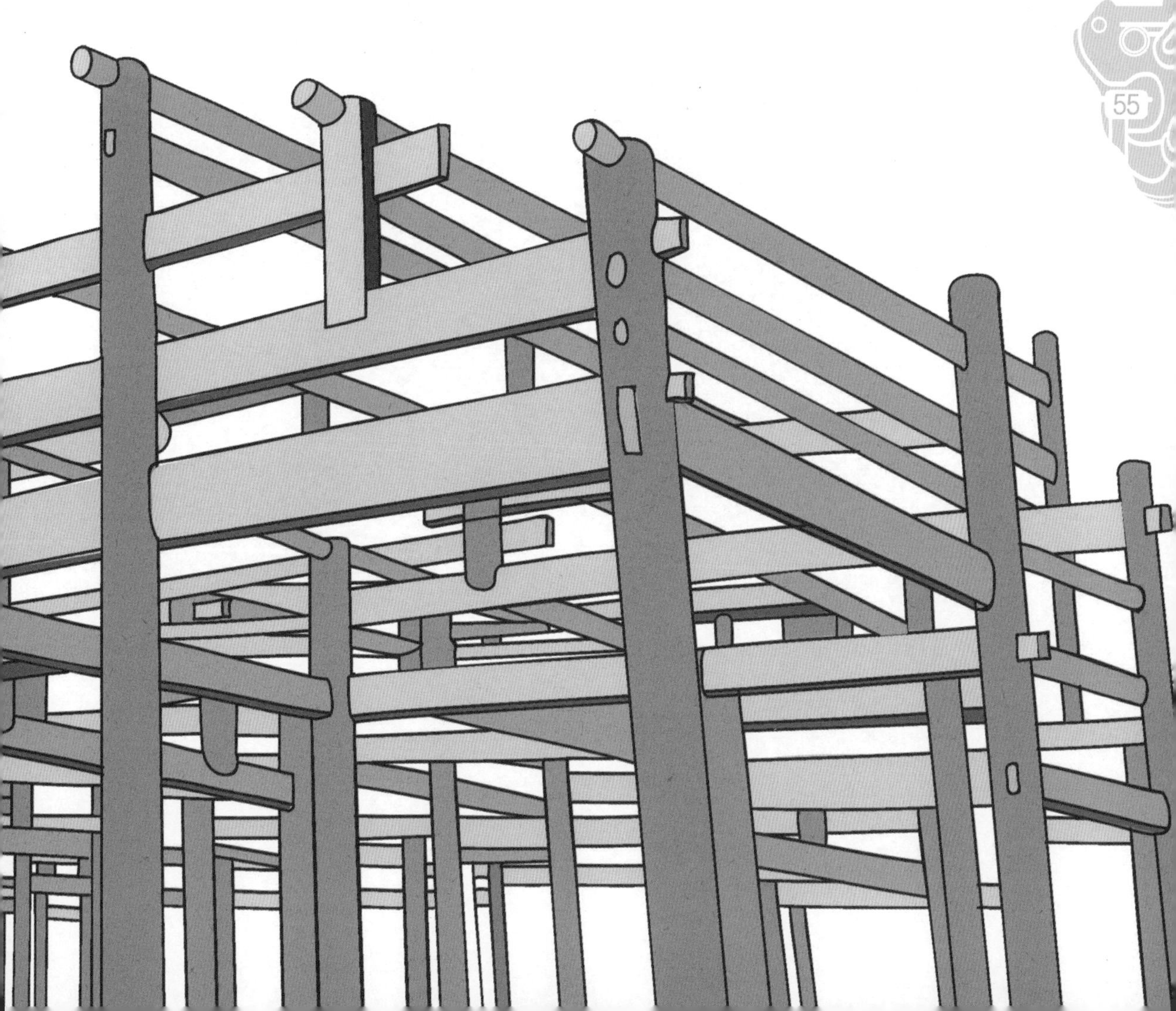

最后轮到瓦匠登场了。瓦匠在望板上面铺灰、抹泥后盖上瓦，在木框架四周砌上墙抹上灰，在建筑内墁地、砌砖。宫殿用金砖墁地，这里的金砖可不是真的用金子做成的，只是因为这种砖被敲击时能发出像敲击金属的声音，因此叫作金砖。

瓦匠砌墙

等到瓦匠的任务完成后，如果是普通民居，到这里应该算建造完成了，但如果是宫殿，就还有许多工序要继续。小木作木匠要完成建筑中非承重木构件，比如栏杆等的制作和安装；石匠、油漆匠、裱糊匠等也要完成他们各自的工作。所有人合力装饰装修整个建筑，包括造家具、雕门窗、雕砖石、刷桐油、绘彩画、做裱糊等，最后才能营造出辉煌灿烂的宫殿。

雕刻装饰

营造一座宫殿只靠木匠能够完成吗，还需要哪些工匠参与进来？请列举出一些。

你能写出答案来吗?

古人为大木立架专门作了一首《拉扯歌》："人之四角枋子随，明缝枋子丁字倍。葫芦套在山瓜柱，相拉金枋不用揆(kuí)。一字檐金脊枋用，枹(bāo)头单拐自行为。若缝过河君须记，落金泥并抱头推。更有桁条易得定，平面拉扯按缝追。两卷搭头及随倍，十字拉之不用颓(tuí)。惟有直板言何处？三卷搭头梁上飞。若问三岔并五岔？拉定斗拱另栽培。"

人字形屋顶上的艺术

我国北方地区常常会用俗语“闲得五脊六兽”来形容一个人不知道干什么好，百无聊赖、难受至极的样子。老舍先生的文学作品中多次出现过“五脊六兽”。那么，五脊六兽都是些什么东西？为什么是五条脊六只兽呢？这就要从中国传统建筑的屋顶说起。

你注意过古建筑或仿古建筑的屋

太和殿屋顶上的角兽

【角兽名称】

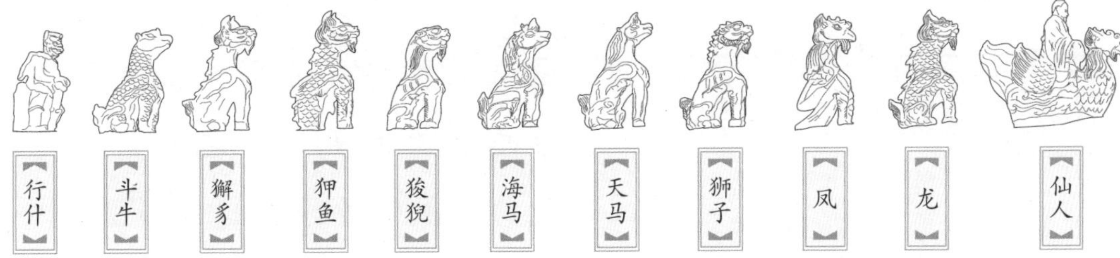

顶是什么样子，屋顶上又有什么物件吗？中国传统建筑用木结构做骨架，还需要填充“血肉”（土、砖）、覆盖“毛发”（瓦），才能为人们遮风挡雨、御寒保暖。最初，人们在木架上盖上稻草来做屋顶，掌握瓦的烧制技艺后，开始在屋顶上覆盖瓦片。屋顶也出现了多种样式，这些样式还要分等级。

“五脊”由一条正脊和四条垂脊构成，这种样式的屋顶有庑(wǔ)殿顶、硬山顶等。“六兽”是正

庑殿顶

是古代等级最高的屋顶，又称“四阿顶”，有五条脊、四面坡，紧邻的斜坡两两相交于垂脊，前后两个斜坡相交于正脊，左右斜坡由这条正脊连接。

硬山顶

古代建筑中使用最普遍的屋顶，有五条脊、两面坡，前后两个斜坡相交于正脊，坡面边缘与山墙相交于两条垂脊，屋顶不伸出山墙而与山墙齐平。

垂脊

即指与正脊相交并且下垂的屋脊，如庑殿顶正面与侧面相交的屋脊，也称庑殿脊。

攒尖顶

屋顶为椎体，没有正脊，有的屋顶有垂脊，有的屋顶没有垂脊，顶部集于一点，上安宝珠或宝顶，这种屋顶常用于亭榭。

悬山顶

又称"挑山顶"，有五条脊、两面坡，前后两个斜坡相交于正脊，两侧山墙凹进殿顶，屋顶由檩承托，四面屋檐均伸出山墙。

脊两端的吻兽和分别蹲在前面两条垂脊上的五只小跑兽。房顶上兽的数量要根据建筑等级、角脊长短和柱子高度来设置。

屋顶形式多样，屋顶装饰也丰富多彩。中国人在日常生活中非常讲究吉祥物、吉祥图案的使用。尤其古人的能力有限，自己不能对抗自然的灾祸，就希望有神灵、神兽能帮他们解决困难。古人很聪明，想象力也很丰富。他们根据大自然中动植物的一些特点，创造出一些现实中不存在的神兽形象，并为它们取上名字，用在生活中。

中国过去的房屋是木头做的，遇到火会被烧得只剩下一片灰烬。这火既有来自地上的（人为），也有来自天上的（雷击），防不胜防。因此，古人把天上飞的、水里游的、地上跑的神兽，如龙、凤、狮、海马、狻猊(suān ní)以及螭等这样一些镇灾降恶、带来吉祥的神兽放在屋顶，祈求避免火灾。但是很多建筑仍不断遭受火灾，看来这神兽也不“神”啊。

除了祈愿，神兽放在屋顶主要是为了保持建筑稳固，鸱(chī)吻固定正脊和垂脊的构件，那些小跑兽下面藏着防止屋脊滑动的钉子。

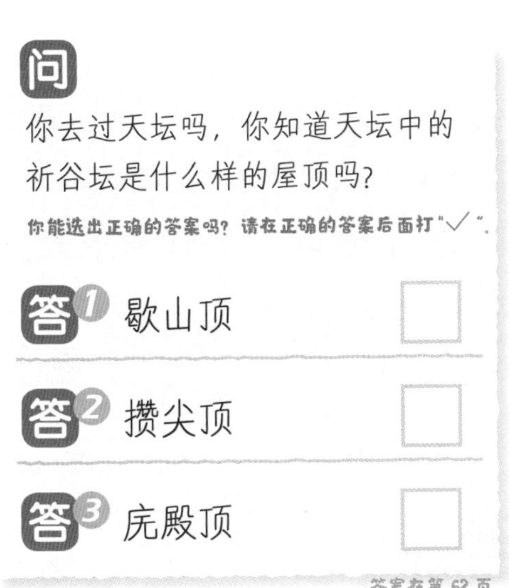

问

你去过天坛吗，你知道天坛中的祈谷坛是什么样的屋顶吗？

你能选出正确的答案吗？请在正确的答案后面打“√”。

答1 歇山顶 □

答2 攒尖顶 □

答3 庑殿顶 □

答案在第 62 页

歇山顶

又称“九脊顶”，有九条脊（一条正脊、四条垂脊、四条戗脊）、四面坡，看似是悬山顶与庑殿顶的组合。每条垂脊向下延伸至屋檐时中间被折断一次，下半段成为戗脊，形成了屋顶上部是悬山顶下部为庑殿顶的样式，等级次于庑殿顶。

柱、梁、檩、椽、枋的结合

柱、梁、檩、椽、枋互相搭配、交织组合，构成了中国古代木结构建筑的主体框架。什么是柱、梁、檩、椽、枋呢？它们怎样结合组成了木构架？

柱是承受建筑物上部重量的直立木构件，根据安置位置的不同，有屋外檐下的檐柱、屋角檐柱的角柱、檐柱内屋脊正下方的中柱以及不在屋脊正下方的金柱等。梁是承受屋顶重量、水平放置的主要木构件，上面承托檩，下面与柱垂直连接。根据所承托檩

抬梁式木构架侧面

故宫偏殿抬梁式木构架

金柱、檐柱

抬梁式木构架正面

抬梁式木构架屋顶构件

梁

檩

的数量不同，有三架梁、四架梁、五架梁、七架梁等。檩是垂直架于梁上的水平木构件，承托椽和上面屋顶的重量，并将承载的重量传递到梁柱。各个檩的名称根据托檩的梁所在柱的名称来定。有斗拱的大型建筑中，檩被称为“桁”。椽是密集垂直安放在檩上、最挨近屋面的木构件，用来承托屋顶的望板和瓦。枋是尺寸小于梁，起横向连接作用的辅材。位于不同位置的枋名称也不同，如位于檐柱上的叫额枋，位于金柱上的叫老檐枋。

柱、梁、檩、椽、枋相互连接、搭配形成了整个建筑的骨架。柱子垂直立于地面，立柱上垂直横架梁，梁上垂直连接短柱，短柱上再承接梁，层层叠加直到顶层的梁承托起檩，各檩间架椽子，构成空间骨架（相邻两根立柱之间的距离为“间”，作为室内空间的度量单位），这种结构形式被称为抬梁式构架。

中国古代建筑不完全是梁柱结合，还有穿斗式构架、井干式构架、干栏式构架等。房屋的稳固主要靠梁柱的支撑，梁与柱必须配合和谐、垂直接合，上、下梁必须平行，否则就会形成“上不正，下参差”的结果，也就是我们经常听到的“上梁不正下梁歪”，这将会造成屋毁人亡的惨剧，要绝对避免。后来，它用来比喻上面的人行为不端，下面的人也跟着学坏。

穿斗式构架

是由柱直接承檩，而以穿插枋将各柱相联络，其特点是每条檩子下都有柱子，每个柱子都达地面，柱间用横枋贯穿，屋面荷载直接由檩传至柱，不用梁。这种构架方式用料较少，是南方地区居民建筑普遍应用的构架形式。

大多将原木简单加工，纵横叠垛，在转角处木料端部交叉咬合，形成房屋四壁。井干式架构主要用于西汉时期，因耗材量大实际应用不广。

抬梁式构架由哪些构件组成？它们之间是如何组合搭配的？

你能写出答案来吗？

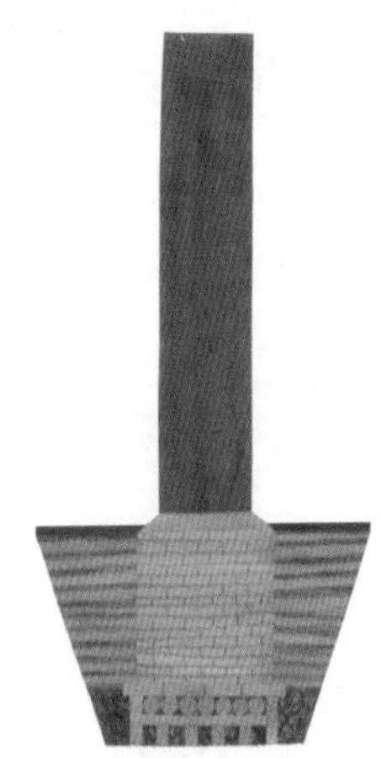

以柔克刚的榫卯

中国的地震活动非常活跃且强烈，我国古代木结构建筑历经无数次大大小小的地震，仍然屹立不倒，可以说是奇迹。这奇迹是怎样产生的呢？

这里面的奥妙就在于应用了木结构建筑中独特而合理的榫卯结构。为了应对自然强大的破坏力，中国古代建筑讲究的是“以柔克刚”“以力卸力”，通过木材的合理布局，接合点的互相拉扯，让作用力相互抵消，将大自然的破坏力降低。

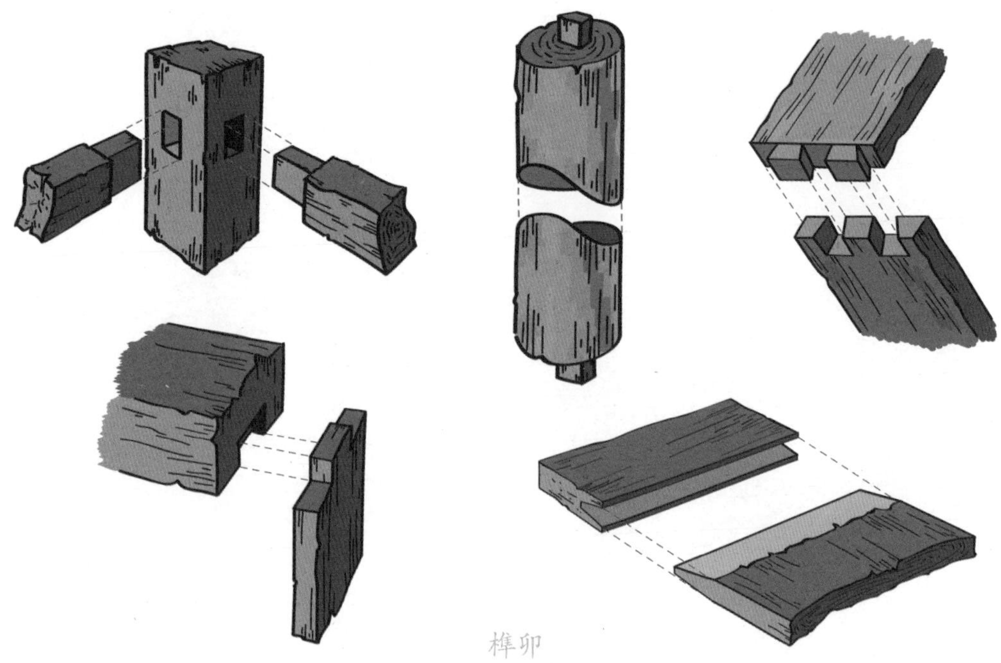

榫卯

榫卯

在两个木质构件中间采用凹、凸部位相结合的一种连接方式，是中国古代传统木结构建筑、家具及一些器械的主要接合方式。一些没有一个金属零件的全木结构建筑，只靠榫卯连接。榫卯种类繁多，有的用于两个构件之间的接合，如燕尾榫；有的用于多个构件之间的接合，如托角榫、抱肩榫。

八仙桌

桌面是正方形，尺寸有大小之分。大的每边可坐两人，四边共可坐八人，故称为“八仙桌”。

我们生活中经常能看到榫卯结构的身影，如鲁班锁、八仙桌、木凳、写字桌等木制品的接合处。榫卯结构很像我们玩的积木，积木块中凸起的部分可看作榫，凹进去的部分可看作卯，把一个个积木块的凸起插进相应的凹槽，一座玩具房子或一个动漫形象就搭建出来了。工匠们把木材中凸起的榫和有凹槽的卯连接起来，就能形成各种木结构。

古时在凤翔佛寺有个僧人，有一次在锯木头时，怎么锯都锯不开。他怀疑木头里可能有铁石，于是换了一把新锯，还焚香祷告了一番，才成功锯入木头里面。木头被锯开时，他发现木头里的木纹竟然生成了两匹马的样子，一红一黑的“两匹马”互相啃咬在一起，怪不得这么难锯开。互相啃咬的“两匹马”其实象征了在木结构中互相咬合的榫卯，人们用这个传说来说明榫卯接合的稳定和坚固。

你可别觉得在木材上各开出凹、凸接口就是榫卯。开口的顺序，榫卯的长度、宽度、厚度都是有讲究的。开口形状、

位置不同，就会产生不同的榫卯结构，如明榫、暗榫、燕尾榫、套榫、夹头榫、抱肩榫等，这些榫卯起到不同的连接作用。单方向的榫卯结构并不牢固，时间太长有可能松开、脱落。组合连接成不同方向的榫卯结构，可以多个方向受力，受外力影响时反而使得作用力相互抵消，咬合得更紧。多个榫卯结构组合起来的木结构建筑，受地震等外力威胁时，会随地震晃动但是不会倒塌，地震过后依然稳稳地矗立在原地，这就是榫卯的神奇之处。

河姆渡文化遗址出土的榫卯结构木材

使用木材的任何场合，无论是一栋房屋、一座木桥、一艘木船、一件家具还是一扇门等，都会看到榫和卯携手同行的身影。明代时，郑和七次下西洋，乘坐的船长一百多米、宽五十多米，能够在波涛汹涌的大海中抗击风浪、顺利航行，靠的就是榫卯的咬合之力。如此神奇的榫卯结构是谁发明的呢？我们无从查证，已知的是考古学家从河姆渡文化遗址中发掘出了有榫卯结构的木构件，说明 7000 多年前新石器时代的中国先民已掌握并应用了榫卯结构。

关于榫卯的发明人，有传说是木匠的祖师爷鲁班。

据说，当时一个名为“王班”的匠人团队揽了个活，要帮一个主家盖三间堂屋。班头也就是半吊子的水平，他不懂装懂，结果把主家精选的榆木大梁从当中给锯断了。当时人们盖正堂都是用榆木、造榆梁，“榆梁”谐音为“余粮”，表达了主人家希望代代有“余粮”的愿望。锯断人家的榆梁，这不就是要断人家世代的生路吗，这可怎么办呀？在王班急得焦头烂额、坐立不安之时，鲁班走到房梁断开处，看过后，动手在其中一半的头上凿了个凹口，另一半的头上开了个凸头。凹凸相接，“咔咔”几锤，榆木大梁被拼得严严实实，像是没断过一样。鲁班还教这些木匠如何制作榫卯，并告诉他们凸的叫“榫”，凹的叫“卯”，榫的“角”契合住卯的“心”，“榫卯万年牢”。断梁巧接后工匠们非常高兴，就把一根长长的红绸缠在房梁上，在爆竹声中稳稳架起了大梁。众匠人准备隆重感谢鲁班时，却不见了鲁班的踪影。直到今天，一些地方盖房子仍沿袭上梁仪式以求吉祥。

找一找你身边哪些东西是使用榫卯连接的，它们是什么样的榫卯？

你能写出答案来吗？

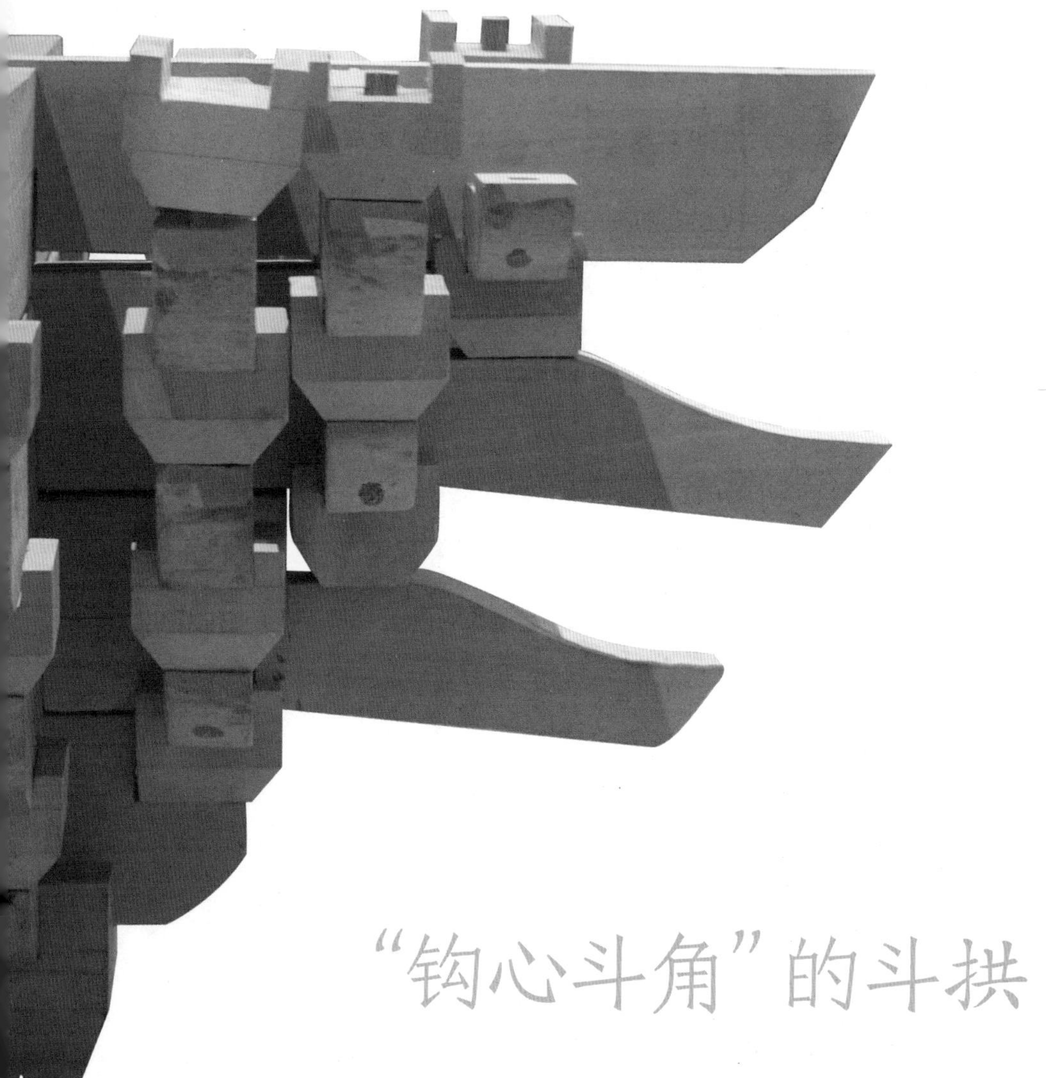

“钩心斗角”的斗拱

提到“钩心斗角”，你脑海里是不是浮现出宫廷争斗戏里演出的明争暗斗、暗藏杀机的情节？钩心斗角用在这里，难道是宫殿里发生了什么可怕事件？

“钩心斗角”出自杜牧的《阿房宫赋》，本来是指宫室建筑结构的错落有致和严整精巧，“廊腰缦回，檐牙高啄；各抱地势，钩心斗角”。后来才用来形容各用心机，互相排挤。那什么是斗拱？为什么用“钩心斗角”来形容它呢？

我们可以到比较熟悉的故宫里去找找，在故宫宫殿的屋檐下，大都盘附着云朵般的木构件，它们华丽、精巧，就像艺术品一样，这些木构件就是斗拱。要注意的是，并不是在所有木结构建筑的屋檐下都能看到斗拱，自唐代开始斗拱的使用就设了等级限制，不是任何建筑物上都可以使用。

斗拱最初可不是只为美观，它在建筑中发挥着重要的作用，在梁与柱、梁柱与屋檐之间起着承上启下的作用，相当于它们之间的弹簧。有斗拱的房屋，屋顶的重量并不是直接通过大梁压在立柱上，而是通过中间的斗拱传到立柱上。立柱上方的凸起插入斗上方的凹槽，拱上方的凹槽再承接斗，斗与拱层层叠加向外延伸，承托起高挑并向外飞展的屋檐。

《论语》中就有“山节藻棁(zhuō)”的说法。山节，指的是刻成山形的斗拱。藻棁，指的是画有藻文的梁上短柱。山节藻悦用来指天子的庙饰，也用来形容居处豪华奢侈，越等僭(jiàn)礼。斗拱在不同时代，形态、结构以及功能都有所不同。唐代之前的木结构建筑因为天灾人祸已无实物可查，但通过比较现存唐代及之后的木结构建筑，可以看出斗拱的变化。唐宋时期的斗拱攒数不多、体量庞大，斗拱与梁、枋、柱接合为一体，起着支撑屋檐、转移重量到立柱的承重作用。据此再结合唐代之前遗留下来的画像砖、画、器物等物件，可以推测唐代之前斗拱一直是作为承重载体而存在于木结构建筑中。

随着历史的发展，我们的祖先从坐在地上，慢慢地变化为坐在木椅、木凳上，这种变化也反映在建筑内的空间高度

不断增加上。立柱逐渐加高，梁、柱、檩直接接合，屋檐由檩托起，斗拱承托屋顶的作用就逐渐被挑檐檩代替了。明清时期的建筑中斗拱体量明显变小，但已不起承重作用的它并没有退出木结构建筑的舞台。本无意于装饰的斗拱演变成了屋檐下的装饰品，这可能也是“无心插柳柳成荫”吧。

斗拱在木结构建筑历史中占据非常重要的地位，除承载重量、装饰建筑外，它还是木构件尺度的衡量标准。宋代用拱高

明清时期的斗拱

作衡量标准，称为“材”，“材”的大小共分8个等级，每个等级均有具体尺寸。清代以平身科斗拱（布置在两柱之间额枋上的斗拱）坐斗（斗拱底层方形、斗状的构件）面宽的刻口尺寸作衡量标准，称为“斗口”。

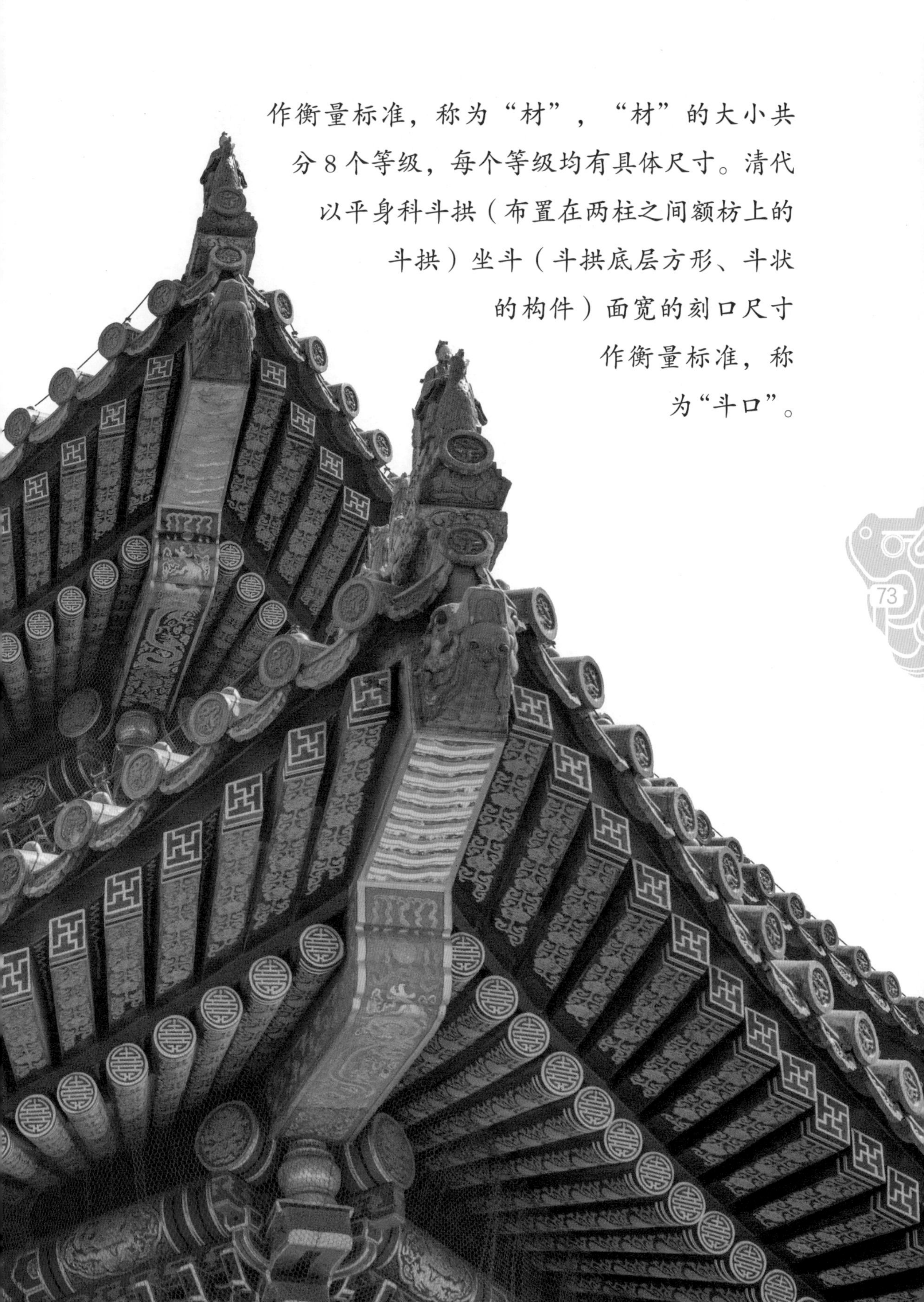

木结构建筑的装饰装修

翻开家里的相册，看看里面的照片，什么样的照片最多？是不是你和家人到各地旅游的照片最多？在这些照片里，你也许还会发现很多当地的建筑，而爸爸妈妈和你不是站在它们的前面，就是站在它们的旁边，或许还有它们的特写照。这些建筑的外形、色彩、风格以及雕刻等都不一样，怪不得那么多人争着和它们合影。

中国各地的古建筑或富丽堂皇，或灿烂多彩，或古朴典雅，或厚重庄严，看过的人都会被它们深深吸引并念念不忘。每栋建筑呈现出不同的外形风貌和特色，主要应该归功于装饰装修。

建筑的装饰装修是在满足构件功能的基础上进行的艺术加工，是附加在建筑物上用来增加美感，使建筑美上加美的工程。古代建筑的装饰装修要做到建筑材料、结构、功能和艺术的协调统一，其中一些构件不只为装饰，也是为藏拙。裸露在外的接口或结构，不好看且容易被损坏，所以工匠通过装饰这些构件把它们藏起来，比如屋顶上的脊兽下面藏着一些小秘密，这些我们前面已经提到了。

木、砖、石、瓦等建筑材料的性质和质感不同，需要不

同的匠人对它们采用不同的工艺，使它们在建筑里发挥作用。中国古代工匠灵活运用建筑材料，将传统绘画、书法和雕刻

木雕

天花

等艺术形式在建筑上表现出来。各种吉利福瑞的图案、式样精美的纹样、和谐美好的楹联、表达吉祥的词语、名言警句、时代延续的家训等内容在建筑表面被刻、画、写出来，为建筑增添了书香气，也时刻警醒或祝福着住在里面的人。

那么，古代建筑是如何装饰的呢？我们以木结构建筑的主体梁柱为例来认识一下。早期房屋的梁柱，其木质部分大都直接暴露在外面，后来人们在上面涂上木漆，既显得美观又能起到保护梁柱的作用。宋代以后，房屋装饰开始受到人们的重视，各种装饰手法逐渐出现。室内装饰最常见的有木雕和彩画，最华丽也最尊贵的装饰手段当数藻井。藻井位于室内的柱顶部分，一般做成向上隆起的井状，有方形、多边形、圆形，周围用各种花纹、雕刻和彩画进行装饰。藻井主要用在帝王宝座的上方和寺庙佛坛的上方。北京紫禁城太和殿御座上方的蟠龙藻井，是清代建筑中最漂亮、最精美和最华贵的藻井。

问

在北京西郊，有一座闻名世界的皇家园林——颐和园，其中有一条美丽的木结构长廊，这条长廊美丽的原因何在？

你能选出正确的答案吗？请在正确的答案后面打"√"。

答1 雕刻 □

答2 彩绘 □

答3 斗拱 □

答案在第78页

晋祠难老泉藻井

悬空寺藻井

木结构建筑营造的习俗

我们了解木结构建筑营造技艺，不仅要了解房屋的营造技艺，还应该了解营造过程中保留下来的风俗和习惯。从古至今，房屋是人一生中最主要的活动场所，造房屋自然成了人生大事。人对越重视的东西，就会有越多的讲究，也就产生了许多的建筑习俗和禁忌，比如房屋怎样选址、布局更好，哪天适合上山伐木、破土动工、立柱上梁等，都有要遵循的仪式。

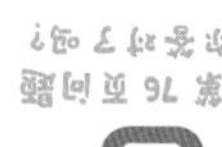

择期开工，是要选择一个利于主人，也利于工匠的日子，开始伐木备料。有的地方工匠第一次进山伐木时，到了山上要先点香烛、烧纸钱、祭山神土地后再开始伐木。

上梁仪式是全国各地都非常重视的一种求吉礼仪，不只营造民间住宅时有上梁仪式，在宫殿、寺庙建筑营造过程中也会举行上梁仪式，只是在良辰吉日的选择、

仪式内容和规格上存在一些差异。

这里的梁不是指一座房屋的所有梁，而是安装在屋顶最高位置的主梁。俗话说“房顶有梁，家中有粮；房顶无梁，六畜不旺”，人们认为，上梁顺利象征着房屋永固、家宅平安、家业兴旺。各地上梁习俗虽有不同，但是大体流程一致。首先要请木匠师傅精心挑选木材并制作成梁。梁制作完成后，选好日子和时辰，一般选在农历中含六或九的日子，在那天中午按照相关仪式上梁，一般按照“祭梁、上梁、接包、抛梁、待匠”的流程进行。祭梁是上梁前的必备程序，人们在正门前设置香案，上面摆放各种祭品，然后将贴着红纸或缠上红绸的梁抬到新屋前，工匠边说一些如“上梁大吉”的吉祥话，边敬酒祭祀。祭梁结束后，工匠用绳子将主梁拉上屋顶，同

时燃放鞭炮，上梁师傅唱着上梁歌，希望梁能顺顺利利被安放好。梁架好后，工匠把用红布包好的糖果等食品抛向屋主捧着的箩筐中，这就是“接包”，有主人接住财宝之意。之后，工匠将花生、糖果、铜钱等从梁上向四周抛撒，让站在下面的村民争抢，这就是“抛梁”，抢的人越多，屋主越高兴，因为这意味着主人家财运会越来越旺。在整个上梁过程中，主持仪式的工匠都要说着吉祥话。最后，屋主要摆席设宴招待工匠和亲朋好友，席间发红包表示感谢。到此，上梁仪式全部结束。

如今人们很难有机会见到这种造房子的景象。建筑方式的转变使得今天木结构房屋建造的数量越来越少，但是上梁仪式在很多地方被保留了下来，成了一种象征性的仪式。

问

古代有许多关于建筑的习俗和禁忌，其中有一个关于木制主梁的重要仪式，你知道是什么吗？

你能选出正确的答案吗？请在正确的答案后面打“√”。

答1 上梁仪式 ☐

答2 奠基仪式 ☐

答3 封顶仪式 ☐

答案在第 85 页

几种典型的木结构建筑营造技艺

　　中国地域辽阔、民族众多、气候多样，随着历史的发展，形成了适应不同自然环境的建筑样式以及蕴含其中的技艺体系。富丽堂皇的宫殿、神圣的佛寺、别致的徽派民居、独一无二的客家土楼……这些风格迥异、分布于中国各个角落的建筑体现着各地不同的风俗、丰富的中华传统文化和古代工匠们高超的技艺。

神圣的佛寺建筑

佛寺是中国古代一个重要的建筑类型。汉代，佛教开始传入中国，佛教建筑也随之出现。据说，东汉明帝曾派人出使西域求取佛经和佛法，这应该是我国最早的西天取经了，比唐僧“师徒四人”的取经队伍早了 500 多年。使臣回来时邀请了迦(jiā)叶摩腾和竺(zhú)法兰一起到中原。与此同时，汉明帝下令仿照印度佛寺的样式在河南洛阳建造寺院，寺院建成后为纪念白马驮经，取名“白马寺”。其实我国许多地方都建有白马寺，不过洛阳的这座白马寺名气最大。它是佛教传入中国后建造的第一座佛寺，所以被看作中国佛教的发源地。

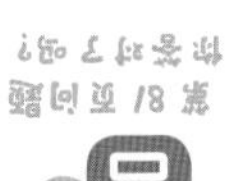

东汉所造的白马寺早已不在，“南朝四百八十寺”也已无处找寻。中国现存最早的木结构佛寺是位于今天山西省五台县李家庄的唐代时期的南禅寺。

南禅寺是一座乡间小寺，大佛殿是寺中主要建筑。单檐歇山顶房屋，殿内没有立柱，墙身不承受屋顶重量，通过斗拱将屋顶重量落在屋檐下面的檐柱上，增加了大殿的稳固性，这样的营造使它躲过了多次地震的破坏。南禅寺虽然几经修复，但其主要结构模式和泥塑、砖雕等都保留了唐代风格。

在发现南禅寺之前，建筑大师梁思成、林徽因夫妇在五台县发现了一座唐代木结构建筑——佛光寺东大殿，梁思成称它为“中国的第一国宝”。这一发现在中国建筑史上具有重大意义，有力地驳斥了日本学者“中国已不存在唐代的木结构建筑，要看唐制木结构建筑，人们只能到日本奈良去”的断言。

佛光寺内佛像

佛光寺东大殿是抬梁式构架建筑，单檐庑殿顶，屋顶几乎与墙身一样高，出檐深远、坡面舒缓，墙上开直棂(ling)窗。与结构简单的南禅寺大佛殿相比，佛光寺东大殿梁架上的斗拱

梁思成

中国建筑学家、建筑史学家、建筑教育家。梁启超长子。长期研究中国古代建筑，为中国建筑史的研究做了开创性的工作，是中国文物建筑保护的开创者，还是中华人民共和国国徽的主要设计人，领导和参与了人民英雄纪念碑的设计。

林徽因

中国建筑学家、文学家。曾用名林徽音。是山西五台县佛光寺大殿的发现者、实测者和鉴定者之一，参与了梁思成《中国建筑史》和英文版《图像中国建筑史》的编写。是中华人民共和国国徽和人民英雄纪念碑的设计者之一。

数量较多、结构更复杂，柱头斗拱采用“双杪双下昂”，屋角斗拱出三下昂，形成起翘效果。内槽斗拱出四跳，采用了“偷心造”（跳头上没有设置横拱）。佛光寺东大殿是唐代木结构建筑营造技艺的典型代表，在历次修缮中改动非常少，因此也成了仿唐建筑的范本。

佛光寺模型

杪

原指树梢，它是用在房檐口下、柱头上的制作方法比较高级的斗，"双杪双下昂"由两层斗和两层向外斜向伸出的下昂组成，可以提高檐口位置屋顶的反向折曲度，使檐角起翘飞扬，便于雨水向殿身远处滑落，保护墙体，同时也增加了美感。

佛光寺东大殿是典型的唐代木结构建筑。那唐代木结构建筑有什么特点？我们怎么辨别它呢？

你能写出答案来吗？

千年不倒的释迦塔

佛塔与佛寺往往互相依存，佛塔是整个寺院的心脏，那么中国现存最早的木结构佛塔是哪一座呢？

它就是屹立在山西朔州应县的佛光寺释迦塔，俗称“应县木塔”。我们来到应县，首先映入眼帘的就是这座高高的木塔，难怪著名建筑大师梁思成先生曾形容它“就像一个黑色的巨人，俯视着城市”。

释迦塔建成于辽清宁二年（1056），全高 67.31 米，近千年来，狂风不倒，强震不塌，战火不毁，这是为什么？

除塔基坚固厚重外，建筑结构是释迦塔屹立不倒的重要因素。木塔塔身从外面看有五层六檐，其实是九层六檐（最下层是重檐）。木塔的柱子不是上下贯通的，每一层都有梁、柱以及承柱托梁的斗，形成五个单独且完整的建筑物，然后再逐层插接在一起，每两个明层中间就会出现一个暗层，整个木塔就像九个叠在一起的网状盒子，稳定、不易变形。应县木塔使用了 54 种不同形式的斗拱，这些斗拱就像一个可松可紧的弹簧，各个木头构件之间互相作用，保护主体结构避免遭受狂风强震的破坏。

如此神奇的木塔是由谁建造的呢？说法很多，有人说是

天下奇觀
釋迦塔
天宮高聳

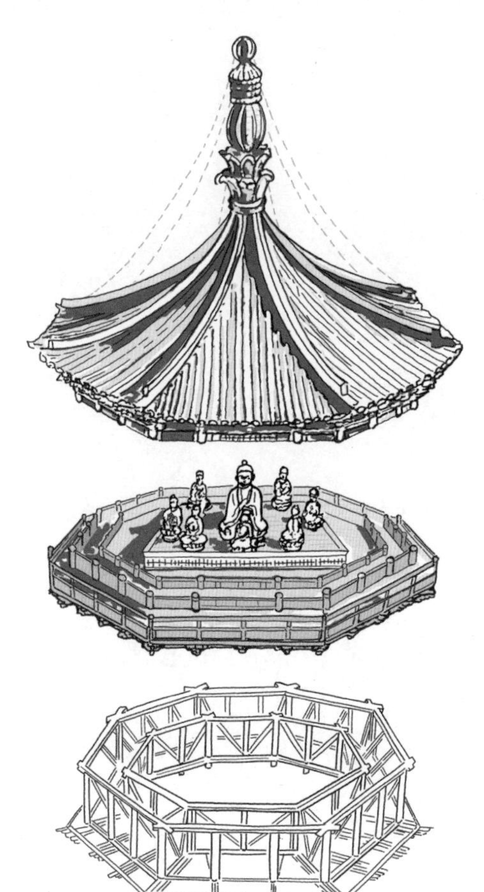

鲁班建造的。因为历史上没有这个神奇建筑的建造者的个人信息，但人们非常崇拜这位建筑师，就把他想象成了鲁班。但无论设计者是谁，他都是一位伟大的设计师。正如梁思成先生感叹：“这塔真是一个独一无二的伟大作品，不见此塔，不知木结构的可能性到了什么程度。我佩服极了，佩服建造这塔的时代和那时代里不知名的大建筑师、不知名的匠人。”我们也要向木塔的设计者、建造者致敬，感谢他们留下了如此精美神奇的建筑，供我们去挖掘、学习其中的奥秘和知识。

梁思成先生因为一句“沧州狮子应县塔，正定菩萨赵州桥”的北方民谣，开始为应县木塔痴迷。他在实地调查之前，为了看到这座塔的样子，向山西应县投递了一封奇怪的信，这封信的内容是请应县照相馆的人拍一张木塔的照片寄给他，他会提供全部费用。信封上收信人处只写着“山西应县最高等照相馆”，那个年代这样一封信想要收到回信几乎没有可能。然而，山西应县一家照相馆真的寄回了木塔的照片，并且在回信中提到只想要一点北平的信纸作为酬劳。应县人对应县木塔的热爱可见一斑。而木塔能够屹立近千年而不倒，也离不开当地人世代对它的珍爱和保护。

释迦塔又称应县木塔，它屹立近千年而不倒的秘密是什么？

你能写出答案来吗？

◀ 释迦塔外部

官式古建筑营造技艺
（北京故宫）

中国历史上曾经存在过许多辉煌的宫殿，如秦代的咸阳宫，汉代的未央宫、建章宫等。但这些建筑早已被战火毁灭，我们只能根据文字记载、残存的遗迹，想象、推测出宫殿的样貌，而故宫则是我们今天能够亲眼看到、亲身感受到的皇家宫殿群。

1420年建成的故宫，今年已满600周岁，历经明清两代，一直作为皇宫，不过那个时候它不叫“故宫”，而是叫“紫禁城”。

2008年，官式古建筑营造技艺（北京故宫）被列入第二批国家级非物质文化遗产代表性项目名录。

紫禁城是哪位皇帝在什么时候下令建造的？它又是一组什么样的建筑群呢？

下令建造紫禁城的皇帝就是派郑和船队下西洋的明成祖朱棣，他打算从南京迁都到他的“龙兴之地”北平（今北京），于是他将北平定为北方的都城，北京之名自此开始。

1406 年，从各地征集的众多工匠来到北京开始营造紫禁城。这些工匠中包括瓦、木、土、石、扎、

未央宫

西汉皇家宫殿之一，在今陕西西安西北约 3 千米处。因其在长乐宫之西，汉时称西宫，为汉高祖七年（公元前 200）在秦章台的基础上修建。汉惠帝即位后未央宫开始成为主要宫殿。所以在后世人的诗词中，未央宫已经成为汉宫的代名词。

建章宫

汉武帝太初元年（公元前 104），柏梁台遭火烧而毁。有巫进谏应当造更大的栋宇，以求吉祥。汉武帝于是下令作建章宫。宫名中的“建”意为倾倒、居高临下，“章”指秦章台。长安城南有章台街，城西有章城门，未央宫前殿利用了秦章台旧址，故建章宫名有胜服秦章台宫的含义。

油漆、彩画、裱糊等上百个工种的匠人，他们大多默默无闻，能被记录下名字的像蒯祥这样的幸运儿凤毛麟角。紫禁城从建成至今，一直有一支比较固定、技艺精湛的建造维修队伍，正是有了他们的辛勤工作，我们才得以走进紫禁城，游览如此雄伟恢宏的宫殿群。我们永远会记住这些伟大的工匠。

故宫布局讲究天人合一，重视居中，位置选在北京的中轴线上，处在京城的中心点，唯我独尊的意思在此显示出来。故宫里的主要宫殿也都在一条中轴线上，坐北朝南；偏殿在左右两边对称而建，核心集中在中心位置。故宫虽然坐北朝南，但前无水、后无山，怎么解决这个问题呢？

故宫角楼屋顶

故宫角楼内部结构

为了实现背山面水的格局，金水河和景山由此诞生。故宫引北京西北玉泉山的水经天安门金水桥流入皇宫，这就是金水河。外金水河护城，内金水河提供生活用水和防火，历史上故宫发生的几次大火都是用金水河的水浇灭的。

故宫占地约 72 万平方米，房间非常多，到底有多少呢？传说最初共有 9999.5 间，其实并没有这么多，不过也确实不少，有 8700 多间。故宫里最大的建筑是太和殿，太和殿建筑面积 2377 平方米，是我国现存最大的木结构大殿。最高等级的建筑形制在其上集中展现出来：重檐庑殿顶上安置了 11 个仙人走兽，殿内中央有一金漆雕龙宝座，宝座上方有金漆雕龙藻井。这就是当年皇帝举行重大庆祝典礼的地方。

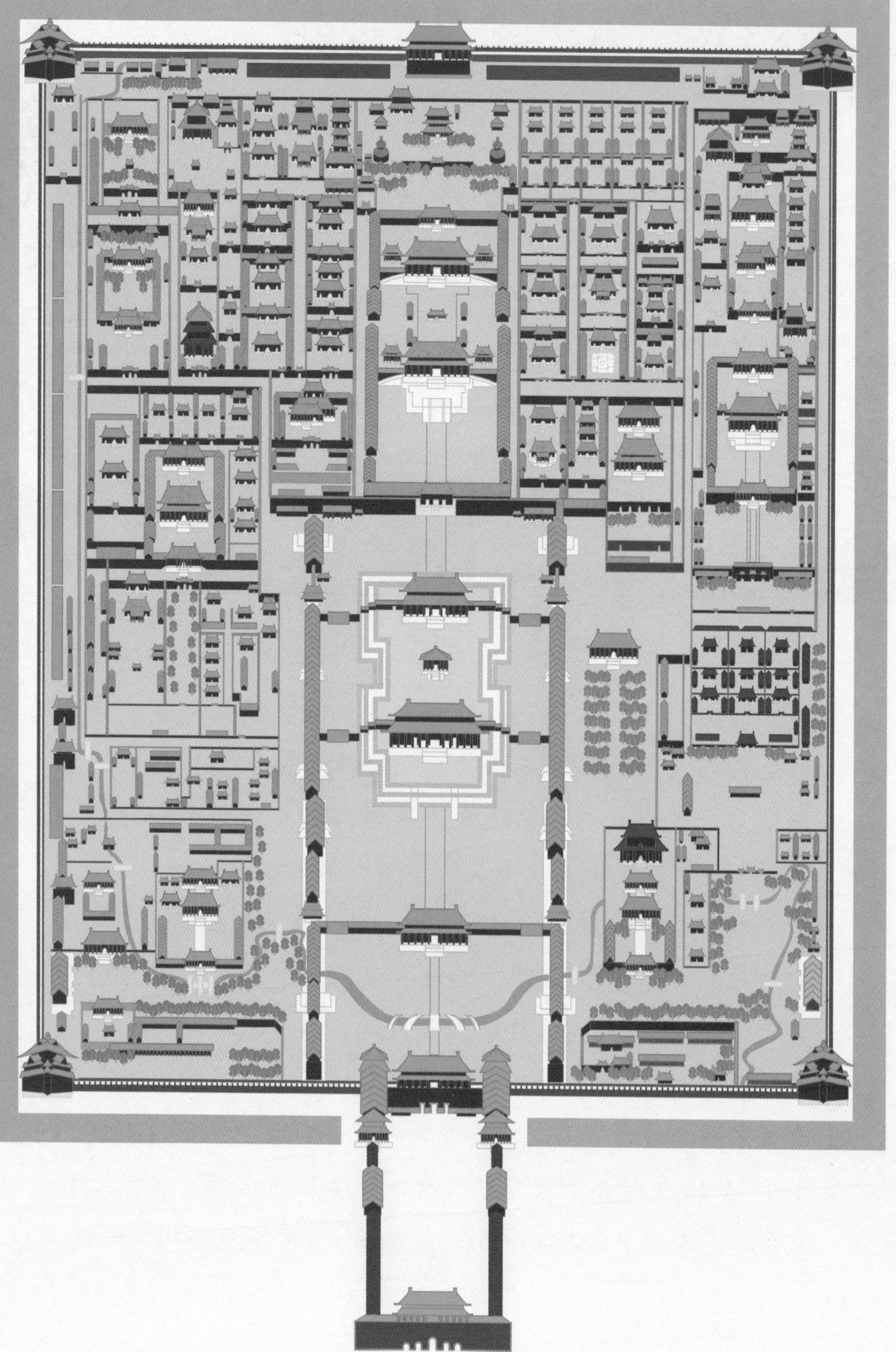

故宫城墙的四个角上各有一座非常别致的楼阁——角楼。它们建于明代永乐时期，重檐歇山顶，三层檐有 28 个角，屋顶由 6 个歇山顶交叉重叠组成，民间有“九梁十八柱七十二条脊”的说法。造型如此独特的角楼是故宫建筑中出镜率最高的一景。

问

故宫是我国现存规模最大、最完整的宫殿建筑群。那我国现存最大的木结构大殿是哪一座呢？

你能选出正确的答案吗？请在正确的答案后面打“✓”。

答1 中和殿 □

答2 太和殿 □

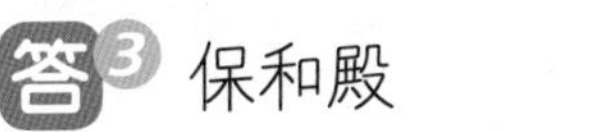

答3 保和殿 □

答案在第 100 页

◀ 故宫全景图

徽派传统民居营造技艺

前面我们提到的寺庙建筑和宫殿，是木结构建筑营造技艺中采用高标准高技术的建筑的代表，这些建筑物相对较少。下面，我们再来介绍采用木结构建筑营造技艺、在民间应用最广泛、最普遍的一些建筑，如徽派民居、客家土楼、苗族吊脚楼、木拱廊桥、侗族鼓楼和风雨桥等。

根据刘托、程硕、黄续、乔宽宽、章望南所著《徽派民居传统营造技艺》的介绍，徽州古代工匠以木匠、砖匠、石匠、铁匠、窑匠这五种工匠组成“徽州帮”，这些工匠分工明确，利用各种工具，逐渐营造了以粉墙黛瓦、砖木石雕、马头墙、

第99页问题 你答对了吗？
答 2

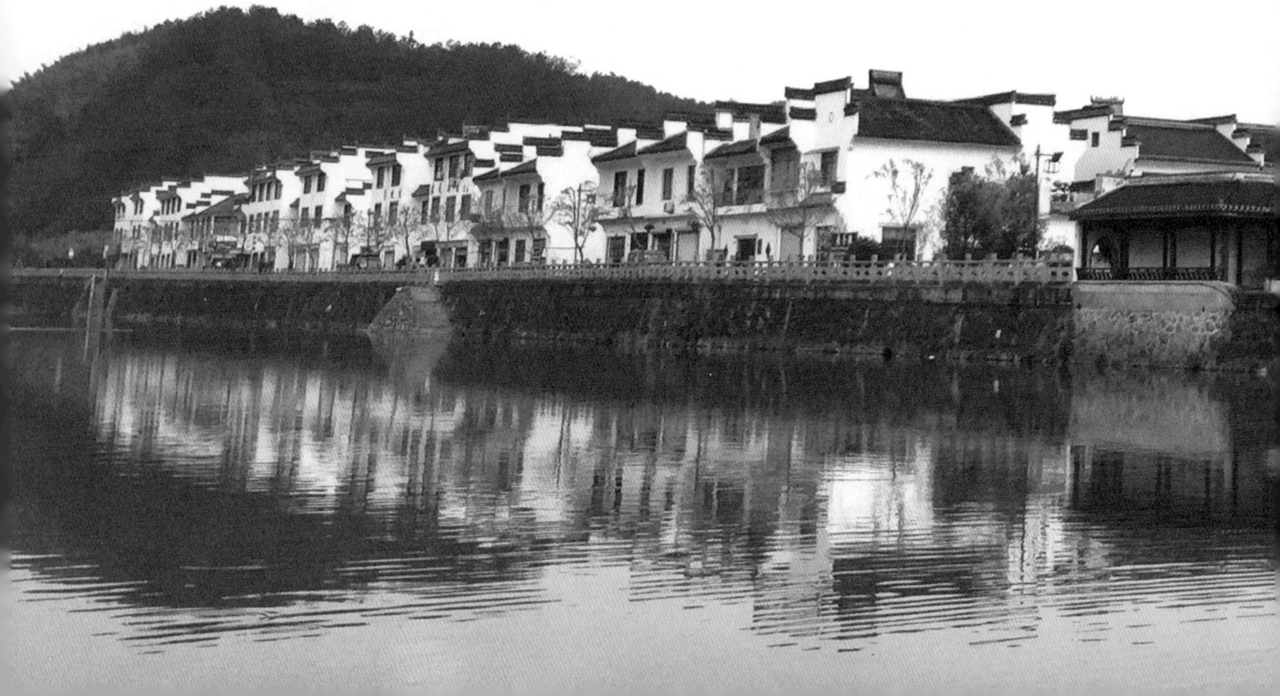

徽派民居

特指明清时期徽州的民居建筑，均称"徽州古民居"，是徽派建筑（民居、祠堂和牌坊）的重要组成部分。

徽商

即徽州商人。徽商萌生于东晋，成长于唐宋，盛于明及清早期、中期。古徽州主要包括今黄山市、绩溪县及江西婺源县。徽商资产在鼎盛时曾占全国总资产的4/7，他们辛勤力耕，被誉为"徽骆驼"。

高脊飞檐为特征的徽派民居。徽派古民居大多是砖木结构的楼房。徽州人建房子打破了坐北朝南的传统，许多房子大门不朝南开。当地流行"商家门不宜南向，征家门不宜北向"的说法。明清时期，徽商非常多，在我国许多地方都会见到徽商的影子，他们发财后回到家乡盖房子，为图吉利，他们建的房子大门一般不朝南开。徽州人主要用当地的杉木、松木和石料等造房子，造房过程中有许多习俗，如选吉时开工后，要把正梁（脊檩）漆成红色架在三脚木马上，直到上梁安装。

安装正梁时，要举行“请梁”仪式。请梁一般按偷梁、接梁、赞梁、祭梁和上梁五个程序进行，仪式中还要唱“上梁歌”。

徽派民居屋顶四周筑有高高的山墙，因为山墙的墙头像高高昂起的马头，所以被称为“马头墙”。那么马头墙是怎么产生的呢？明代弘治年间，徽州地区有钱人家盖的房子都是木结构的，因为数量众多，建的房子一栋挨着一栋，房屋都连在了一起，只要有一家着火，就成了“火烧连营”，成百上千的房屋都会被火烧掉，所以成了主管这里的官员的一道大难题。徽州知府何歆刚刚到这里任职时，就遇到了一场大火，当时只是一家起火，但因为中间没有隔断，火势迅速蔓延，烧毁了整片街区。何歆经过认真思考，设计了建得非常高的山墙，高出屋顶一大截，以

马头墙

阻断火势的蔓延。这种“封火墙”的防火效果非常好，在徽州一带被广泛采用。后来人们对这种墙进行美化，装饰得像高昂的马头一样，逐渐地马头墙就成为徽派建筑的一大特色。

双层屋檐和宋太祖的故事

徽派民居都是双层屋檐，这种建筑形式的形成据说与宋太祖赵匡胤有关。相传，当年宋太祖亲自带兵南下征伐南唐后主李煜管辖的歙州时，刚到安徽休宁县，突然天空阴沉，大雨眼看要降下来了。宋太祖怕惊扰村民，便与手下在一间民房下躲雨，可是徽派民居的屋檐太短小，宋太祖他们被雨水浇透了。雨过天晴，屋内的村民打开房门，看到宋太祖淋湿的样子，非常害怕，以为死罪难逃，于是就一直跪在地上谢罪。宋太祖并没有责怪他，而是问他：“歙州的屋檐为什么造得这么短小呢？”村民回答：“这是从祖上一直传下来的，一向都是这样建的，不知道什么原因。”宋太祖便道：“虽说祖上的旧制不能改，但是你们可以在这个屋檐下再多修一层屋檐，以便过往行人避雨。”村民马上请人在门窗上面加修了一道屋檐。从此以后，徽州所有的民居都逐渐修了两层屋檐。

徽州人杰地灵，有“三绝”和“三雕”。“三绝”是民居、祠堂和牌坊；“三雕”是木雕、砖雕和石雕。徽州人聚族而居，认为祠堂是祖先灵魂栖息的地方，如果把祠堂建得富丽堂皇，祖先灵魂住得会更安稳，会为后世子孙带来福气，所以祠堂是徽州必不可少的建筑。徽州祠堂的数量非常多，而且各个宗族互相攀比建造祠堂，祠堂的规模也非常大，非常气派。

“青砖小瓦马头墙，回廊挂落花格窗”，其中提到的马头墙是只用来装饰，还是有其他功用？

你能写出答案来吗？

徽州牌坊

客家土楼营造技艺

在福建与广东，分布着数量众多的土楼。是谁建的土楼？土楼里住的是什么人呢？他们为什么要建造这么奇特的建筑？原来，我国中原地区的一些汉族人为躲避当时的战乱，

被迫离开家乡向南方迁居，他们中的一些人迁到江西赣州、广东梅州、福建闽南等地聚集居住。对于本地人而言他们就是客人，所以被称为“客家人”。

迁到闽南的客家人躲进山中生活，先要有个房子住下呀。山中很危险，除了有毒蛇、猛兽，时不时还会出现倭寇（日本海盗）劫掠，并且，他们与本地人、外地迁来的其他家族时常会为争抢资源发生斗争，客家人意识到如果在这里还建

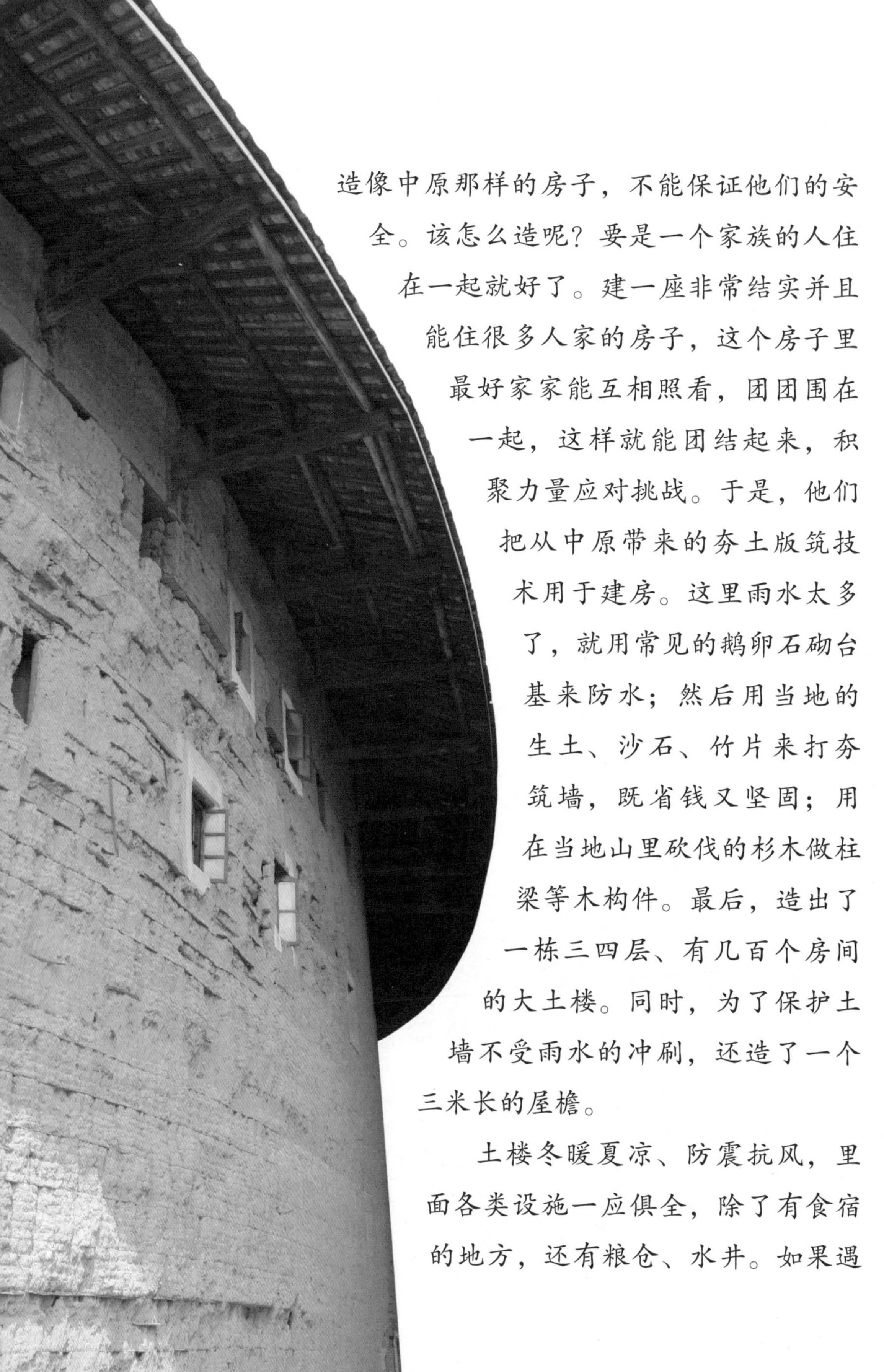

造像中原那样的房子，不能保证他们的安全。该怎么造呢？要是一个家族的人住在一起就好了。建一座非常结实并且能住很多人家的房子，这个房子里最好家家能互相照看，团团围在一起，这样就能团结起来，积聚力量应对挑战。于是，他们把从中原带来的夯土版筑技术用于建房。这里雨水太多了，就用常见的鹅卵石砌台基来防水；然后用当地的生土、沙石、竹片来打夯筑墙，既省钱又坚固；用在当地山里砍伐的杉木做柱梁等木构件。最后，造出了一栋三四层、有几百个房间的大土楼。同时，为了保护土墙不受雨水的冲刷，还造了一个三米长的屋檐。

土楼冬暖夏凉、防震抗风，里面各类设施一应俱全，除了有食宿的地方，还有粮仓、水井。如果遇

到土匪强盗或者战乱，将大门一关，客家人在里面能够封闭生活很长一段时间。

圆形土楼是客家土楼中最特别的土楼，建成圆形的楼可能是为了有良好的采光和视野，也可能是寄托客家人要团结，大家永远围着一个中心点凝聚起来，和和美美地过日子的美好愿望。

你还记得动画片《大鱼海棠》中主人公椿的家族住的房子吗？是不是还会想起椿变成海豚在圆圆的楼房中间盘旋飞到人间的场景？那房子就是被当地人称为“土楼王”的承启楼，有个顺口溜形容它：“高四层，内四圈，上上下下四百间；圆中圆，圈套圈，历经沧桑数百年。”承启楼始建于明朝，这么多年一直为居住在里面的人们遮风挡雨。据说当地流传着一个有趣的故事，有一次在一场婚宴上，桌上两个年轻女子都在夸自己住的土楼大，一个说：“我住的土楼高四层，楼四圈，

楼道

方形土楼

客家土楼以方形土楼为主，圆形土楼较少，还有方圆兼具的“五凤楼”。据统计，永定境内目前保存着两万多座客家土楼。客家土楼建筑萌芽于唐代，在明清时期发展迅速。客家土楼依山傍水，蕴含着天人合一的理念，将安全防卫与生产生活需要、聚居与崇文重教意识融为一体。2006年，客家土楼营造技艺被列入第一批国家级非物质文化遗产名录。

上上下下四百间，你们说我住的土楼大不大？”另一个听完，不服气地说：“我住的楼像座城，住上三年认不全！你说到底是我住的楼大还是你住的楼大呀？”在座的人听完就问她们住的楼是哪一座，听她们说完后，大家都哈哈大笑。原来她俩都住在承启楼，论辈分她俩是姑嫂关系，一个是没出嫁的姑娘，一个是嫁进来两年的媳妇，只是一个住在土楼的东边，一个住在土楼的西边，而土楼里住的人太多，所以两人至今还不认识，可见承启楼确实非常大。

客家人喜欢聚族而居，同一个姓的许多家庭住在土楼中，他们为什么选择这种居住方式？

你能写出答案来吗？

苗寨吊脚楼营造技艺

我们了解的大多数民居都是汉族建筑，接着我们来看一类少数民族的民居建筑吧。

吊脚楼是南方一些少数民族居住的房屋，其中就有苗族。苗族是我国一个古老的民族，传说苗族的始祖是蚩(chī)尤。涿(zhuō)鹿之战后，苗族先民开始从黄河流域向西南迁徙。历史上苗族经过五次迁徙，现分布在

蚩尤

传说中的九黎族首领。据说他有兄弟八十一人，兽身人语，善造兵器，横行天下。后与黄帝、炎帝部落大战于涿鹿之野（今河北涿鹿南），失败后被杀。

贵州、湖南、湖北、四川、云南、广西、广东等地。

苗族吊脚楼源于干栏式建筑。西南多山地，地形陡峭，很难找到平地垒台子或立柱子，全干栏式建筑在这很难施展拳脚。于是苗族人因地制宜，在山体斜坡上挖出上下两层地基，前半部分用穿斗式木构架做成吊层，形成半楼半地的吊脚楼（通常是穿斗式歇山顶结构建筑）。吊脚楼的第一层不住人，用于圈养猪、鸡、鸭等家禽和牲畜；第二层是人居住的楼层，包括客厅、堂屋、卧室和厨房；第三层是阁楼层，主要用于存放粮食。

苗族吊脚楼二层正中堂屋的前檐下，安装着一个长长的靠背栏杆，称为“美人靠”，是吊脚楼的一道美丽风景。美人靠相传是春秋战国时吴王夫差发明的。一天，夫差与中国古代四大美女之一的西施正在观赏池塘里的鱼儿，西施半坐着，因为不经意的一个后仰差点掉进水池中。夫差就想，怎么才能安全舒适地看风景呢？他绞尽脑汁，终于想到了一个好主意，他命令工匠们在池塘边建造一条带栏杆靠背的长木凳。从此他和西施就常常坐在这儿，一块儿观鱼赏景。因为西施经常坐在这里，所以人们就把这种

美人靠

在坐凳栏杆外侧安装尺余高的靠背，成为“靠背栏杆”。这种栏杆通常在园林建筑中采用，特别是临水建筑，供游人斜倚眺望和消除疲乏。靠背部分或直或曲，具有极强的装饰效果。

靠背栏杆叫作“美人靠”，也叫“吴王靠”。美人靠并不是专门设在吊脚楼上的木构件，在我国的园林中都会见到，但是苗族吊脚楼的美人靠却独有风味。苗族妇女靠坐在这里刺绣缝补，有时候来上一首山歌，从对面美人靠传来回应的歌声，如此往复，整个吊脚楼都环绕在歌声之中。

你去过贵州的苗寨吗？苗寨里的房屋都是什么样子的？

你能写出答案来吗？

侗族木构建筑营造技艺

2006 年，侗族木构建筑营造技艺被列入第一批国家级非物质文化遗产代表性项目名录。侗族人依靠祖先传下来的侗族木构建筑营造技艺，取山中自然长成的杉木作材料，在岭南的山水之间建造房屋，生活了千百年，人、建筑与自然和谐共生、融为一体。

侗族人对杉树有着特殊的感情，他们认为“鼓楼是一株杉树”。相传，古代的侗族人围坐在一棵大杉树下商量事情，烤火时不小心烧死了杉树。为了纪念杉树，侗族人仿照杉树的样子，建造了鼓楼。不知这个传说是否真实，但是可以从中看出侗族人对杉树的珍爱、对大自然的热爱。远远看去，侗族鼓楼真的很像一棵杉树呢。

侗族人造楼、桥、屋时无须绘制图纸，掌墨师只要看一眼地形、地势，如何构建便了然于心。但是你可不要认为掌墨师只是估测，他们会进一步设计与拼构出建筑模型。掌墨师用到的绝技是墨师文，它是侗族木匠世代相传的建筑符号，掌墨师在建筑构件上标上这些符号，用来区分每个构件将要用在哪里、作什么用。伐木取材后，木匠裁木料、开榫卯，不用一钉一铆，仅靠榫卯衔接，立柱架枋，再加以粉饰装扮，构建成侗寨的楼与桥。这些楼与桥排枋交错相连，上下构件吻合，稳固坚定，屹立于风雨之中多年而不垮，成为侗族人祈福庆典、集会娱乐的重要场所。建筑所需费用由寨子里的人互相帮衬，尤其鼓楼和风雨桥更是由村民共同捐资建造。

侗族人有“未建寨先建鼓楼”的说法。鼓楼是侗寨的标志性建筑，一般按族姓建造，每个族姓会有一座鼓楼。侗寨的建筑都是围绕鼓楼布局营造的，侗族人的人生大事几乎都在鼓楼里进行。鼓楼又被称为“罗汉楼”，是“以巨木埋地作楼，高数丈”的塔形独角楼，顶天立地，矗立在侗寨中，成为侗族人的心理支柱和精神象征。

广西壮族自治区三江侗族自治县村村都有一座风雨桥。风雨桥集亭、塔、廊、桥、楼、阁的建筑特点为一体，被侗族人看成是护寨纳财的“福桥”和沟通阴阳两界的“生命之桥”。

程阳永济桥是风雨桥中最著名的一座桥，它是当地村民用了十多年的时间建造出来的，但是于 1983 年被一场洪水冲垮了。受有关方面委托，掌墨师杨似玉的父亲主持了程阳永济桥的重修。当时，杨似玉正在外地做工程，父亲把他叫了回来，让他协助重修工作。修复程阳永济桥对杨似玉有双重里程碑式的意义。一方面，他的技艺有了巨大进步；另一方面，老一辈对修桥的热衷和奉献精神深深地感染了他，使他在这条路上

侗族工匠根据地势环境，采杉木为材，以香杆为标尺、“墨师文”为标注手段，不用绘制一张图纸，使用普通的工具，营造出样式各异、造型美观的楼、桥等建筑，工艺堪称一绝。三国时期，侗族先人“依树积木，以居其上，名曰干栏”，逐渐形成了木构建筑营造技艺。广西壮族自治区三江侗族自治县是传承保护侗族木构建筑营造技艺的重要地区。当地侗族木构建筑以鼓楼、风雨桥为代表，建筑全木结构，不用钉铆，仅以榫卯连接，穿梁接拱、立柱连枋，结构严谨、接合缜密、牢固稳定，造型复杂、美观，成为侗寨的亮丽风景，是侗族文化的集中体现。侗族木构建筑营造技艺于 2006 年被列入第一批国家级非物质文化遗产代表性项目名录。

问

要成为技艺精湛的侗族掌墨师，需要掌握什么“绝技”？

你能选出正确的答案吗？请在正确的答案后面打“✓”。

答1 墨师文 □

答2 刮磨技艺 □

答3 榫卯 □

答案在第 120 页

越走越远。他后来主持营造了被誉为“世界第一鼓楼”的三江鼓楼。杨似玉因为技艺精湛，被称为“侗族鲁班”。杨似玉很重视收徒传艺，带出了几百名徒弟，被认定为第一批国家级非物质文化遗产代表性项目侗族木构建筑营造技艺代表性传承人。

木拱桥传统营造技艺

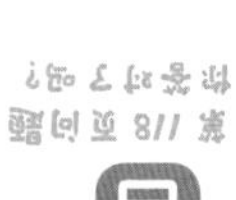

《清明上河图》

北宋风俗画作品，作者为北宋绘画大师张择端。描绘的是北宋都城汴京及汴河两岸清明时节的自然风光和繁荣景象。

古人从天然石桥、垒石作桥、倒木成桥中得到启发，造出了独木桥、单拱桥。河道太宽、水流湍急，那就造有许多孔的桥；木桥不牢固、易被火烧毁，那就造石桥。隋朝李春设计和参与建造的赵州桥现在还起着很大的作用。北宋画家张择端的《清明上河图》中的一座木拱桥横跨宽宽的河面，桥上挤满了人，这座桥就是虹桥，孟元老在《东

京梦华录》中记载了虹桥的情况：“自东水门外七里至西水门外，河上有桥十三。从东水门外七里曰虹桥，其桥无柱，皆以巨木虚架，饰以丹艭，宛如飞虹，其上下土桥亦如之。”

现在还有没有木拱桥？还有没有人会造木拱桥？20世纪70年代的一场文物普查，使隐藏在浙江泰顺的叠梁木拱廊桥重现世间。当时以茅以升为首的桥梁专家正在编写《中国古桥技术史》，那时候他们以为画中的虹桥已没有样本存于世上。当听到普查发现了木拱廊桥时，他们迫不及待地赶到泰顺，一座座木拱廊桥呈现在眼前，这不就是失传了900多年的北宋虹桥吗？自此，古桥建筑史中留下了关于木拱廊桥营造技艺的记录。

宋代《清明上河图》中的虹桥

在浙江、福建两省交界的高山深谷之间，有近200座木拱廊桥横跨在山谷里的河面上，形成了木制拱桥的天然博物馆，因为这个地区的气候变化无常、雨水充沛，水深动不动就达到三四十米，在水流湍急的地方，过河比登天还要难。而且这里林木非常丰富，尤其是杉木，于是当地村民就地取材，

伐杉木开始建桥。造桥人不用一钉一铆，而是用榫卯连接的方法，用短小的木头经纬编织成拱，即把桥梁两侧纵向排列的拱架相互穿插，和若干横向排列的短小横木相连，像把一根根的木头编织在一起。桥上建有长廊，长廊两侧安有挡风板，就形成了封闭的、单拱跨度可以达到 30 米以上的廊桥。

如果一个村庄要建一座桥方便出入，那么村民在集资准备建桥前，要推举出一个能说会道、精打细算的明白人做项目负责人，由这个负责人请来建桥的工匠。这些工匠也是有分工的，里面会有一个人担任主墨工匠（也叫主绳工匠）掌握墨斗画线，他的墨线画得是直还是歪、是对还是错决定着整个建筑的成与败。村里的项目负责人与主墨工匠沟通好、签订好造桥合约后，工匠开始造桥。桥造好后主墨工匠要在廊房梁上写上名字，如果以后桥出现问题主墨工匠要承担责任，但如果造的桥稳固、结实、耐用，这就为他的精湛技艺做了很好的宣传。

木拱桥传统营造技艺是主墨工匠根据自然环境选桥址并设计木拱桥，指导其他工匠使用传统木作工具，经过截木材、筑桥台、造拱架、架桥屋等手工操作程序，运用编梁等核心技艺，以榫卯连接、构筑成极其稳固的木架拱桥技艺体系。木拱桥传统营造技艺自中国宋代传承至今，历经数十代传承人的继承和再创造。目前中国遗存着建造于不同年代的木拱桥 100 多座。该项目于 2008 年被列入第二批国家级非物质文化遗产名录。2009 年，中国木拱桥传统营造技艺被列入联合国教科文组织急需保护的非物质文化遗产名录。

问

旅途中，你曾去过哪些桥，它们都是什么材质的桥呢？下面哪座桥是木头做的？

你能选出正确的答案吗？请在正确的答案后面打“√”。

答1 赵州桥

 十七孔桥 

 泰顺永定桥 

答案在第 129 页

木结构建筑营造技艺的传承者和保护者

在传承发展木结构建筑营造技艺过程中，涌现出许多著名的建筑大师、建筑流派以及建筑家族。他们为我们见到、认识、了解传统木结构建筑以及其营造技艺提供了现实和理论依据。当代木结构建筑营造技艺的工匠也被称为“传承人”，他们不仅技艺精湛，还担负着带徒传艺的重任。

木匠的祖师爷——鲁班

“赵州桥来什么人修？赵州桥来鲁班爷修……”这首河北民歌歌词中的鲁班就是传说中木匠的祖师。鲁班是民间妇孺皆知的能工巧匠，被很多的行业尊奉为祖师爷，许多建筑方面的传说故事中都有他的身影。那么历史上鲁班真的存在吗？他又是谁呢？

鲁班，姓公输，名般，出生于春秋末期鲁国的一个工匠世家，古时候的“般”与“班”通用，大家就自然而然地把他叫成了“鲁班”。

相传，现在木工用的许多工具都是鲁班发明的，比如我们前面介绍的锯、墨斗。不光如此，据说他还发明过一种奇特的玩具，用六根木头制成凹凸结构，互相咬合，两两相对形成三组木条垂直相交的形式，这个玩具就是鲁班锁，他儿子整整琢磨了一天才懂得如何拆解和拼装。别看它只有六根木头，其中大有文章，奥妙之处就是咬合的凹凸结构，这就是木结构建筑的灵魂——榫卯结构。据传，诸葛亮在鲁班锁的基础上创造了结构更复杂的玩具——孔明锁。

民间也流传着许多关于鲁班的成语故事。大家对“班门弄斧”是不是很熟悉？这是我们批评那些在行家面前卖弄本领，不自量力的人时经常用到的成语。

一天，一个自认为手艺高超的木匠走到嵌有两扇大红门的房子前，他挥舞着手中的斧子，边比画边说：“我凭这把斧子就能做出既美观又实用的东西来。”这时，正好有个路人走过来，听见了木匠说的话，于是指着木匠身后的大红门

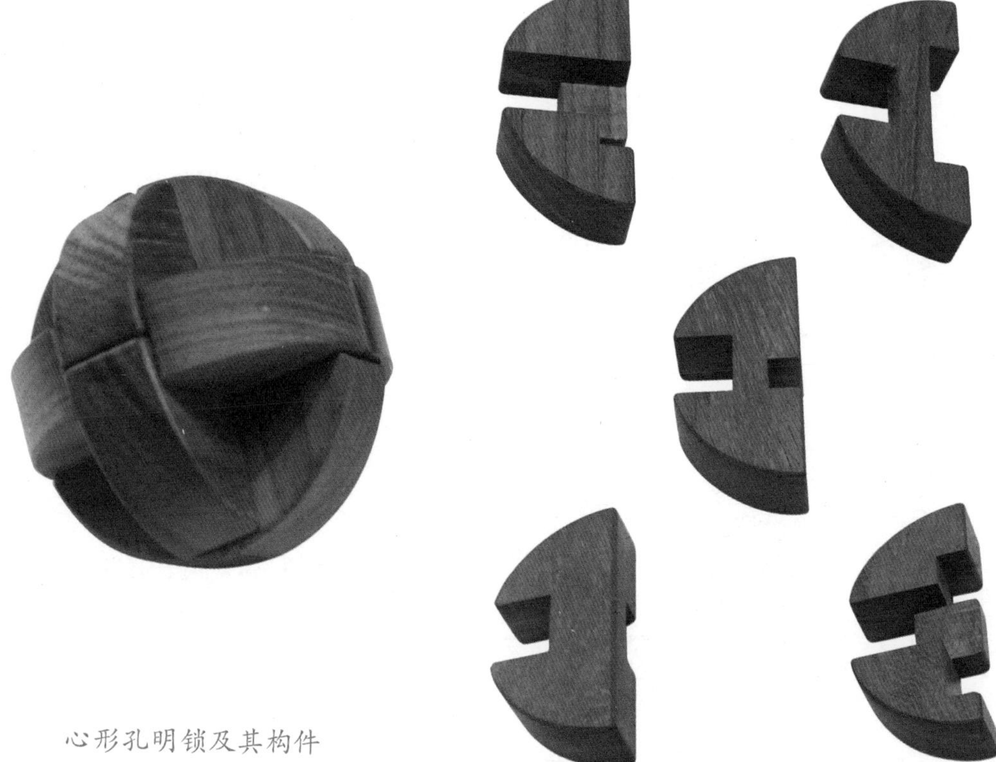

心形孔明锁及其构件

说：“你觉得这两扇大红门做得怎么样呀？”木匠撇撇嘴，不屑地说道：“不是我吹牛，如果让我来做的话，不知会比这个强多少倍呢！”路人回道：“那好，你只要做得和这两扇门一样，我就雇你给我做工。”两人说定半个月后交活儿。于是，木匠回到家里开始做大红门，可是他无论怎么下功夫，做出来的门总是比不上那两扇大门。半个月的期限到了，他还没有做出来，只好承认他做不来，并问那两扇大红门是哪位木匠做的。人们告诉他那是鲁班的家，大红门是鲁班亲手做的。听完这话，木匠脸红着连连说道：“我真是鲁班门前耍大斧，惭愧，惭愧呀！”故事告诉我们一定要踏踏实实学习和做事，要懂得谦虚，不要班门弄斧，让人嘲笑。

孔明锁

问

你玩过鲁班锁或孔明锁吗？你能够自如地拼装吗？你知道它们是根据什么原理组合起来的吗？

你能写出答案来吗？

鲁班锁

“香山帮”的传承

我们可能知道故宫是什么时候建造的，了解它是什么样的建筑。那么，大家知道它的设计者是谁吗？还有哪些建筑是他设计建造的？这里要提到一个建筑工匠群体——“香山帮”。这个名字听起来是不是很像一个武林帮派？“香山帮”中这些匠人虽然没有武林高手出神入化的神功，但是却有着“点石成金”的技巧。“香山帮”的名字来自苏州太湖之滨(bīn)的香山，这里自古出建筑工匠，当地流传着“江南木工巧匠皆出于香山”的说法，这些工匠被称为“香山帮匠人”。香山的匠人早在春秋时期就已出现了，但是“香山帮”这个建筑工匠群体是随着明代在南京和北京建造宫殿而逐渐形成的，以木匠领衔，兼有泥水匠、漆匠、堆灰匠、雕塑匠、叠山匠、彩绘匠等古典建筑工种，他们以建屋造楼、塑景构园、掇山植树、叠石理水见长。

一个群体中总要出现一两个领头羊，“香山帮”最重要的领头羊就是主持营造了故宫三大殿的蒯祥，他还主持营造了承天门（今天的天安门）、五府、六部衙署以及明十三陵中的裕(yù)陵等建筑，他为明代皇城的建设付出了很多心血。民间也流传着许多关于蒯祥的传说故事。据传蒯祥主持建造故宫时只有20岁，但是他的技术一流而且很聪明，得到了众工匠的尊重，同时也有人非常嫉妒他，这个人就是主管建造宫殿的工部右侍郎。因为蒯祥不仅受到了工匠们的爱戴，也得到了皇帝的宠爱，这位工部右侍郎非常担心蒯祥将取代他的位置，就想找机会陷害蒯祥。于是，他在一个风雨交加的夜晚，趁工地看管不严，悄悄地溜进正在营造中的宫殿，把大殿正门门槛的一头锯短了一截。第二天，蒯祥来到工地，一进大殿，低头看到被锯断的门槛，吓了一跳。这做门槛的木料可不一般，是名贵木材，而且世上就这一根，找不来第二根，皇帝非常喜欢，特意下令用它做大殿的门槛。蒯祥知道这是有人故意害他，左思右想，终于想出了一个计策，他让工匠在门槛另一头锯下同样长的一段，再在两边各做了一个槽子，做成了一个活动门槛，可以随意拆装，后来人们就把这个活动门槛叫作“金刚腿”。宫殿全部完工后，皇帝来检查验收，看到这个门槛后夸奖这个设计既巧妙又方便，并重赏了蒯祥。旁边的工部右侍郎欲哭无泪，不仅没害到蒯祥，反而成全了他。蒯祥从此名气越来越大，从一名普通工匠逐

步被提升为工部左侍郎，被世人称为“蒯鲁班”，也成了“香山帮”的泰斗。

“香山帮”还有一位杰出的人物，他是清末民初的姚承祖。他一生营造的作品非常多，现存的主要作品有怡园的藕香榭、灵岩山寺的大雄宝殿、香雪海的梅花亭等。他最大的成就是撰写了《营造法原》，这是一部记述“香山帮”传统营造技法的专业书，也是唯一记述江南地区传统建筑做法的专著，被誉为“中国南方传统建筑术宝典”，可惜的是这位大师没看到书出版就去世了。

“香山帮”的营造技艺并没有随着这些建筑大师的逝去而消失，当下还有陆耀祖、薛福鑫等工匠大师承继并传承着香山工匠的技艺和精神，为我们呈现并为后人留下古色古香的传统建筑而努力着。

位于太湖之滨的苏州香山是吴文化的发祥地之一，“香山帮”是来自苏州市吴中区胥口镇附近地区的工匠形成的古典建筑流派，这个工匠群体以木匠领衔，包括泥水匠、漆匠、堆灰匠、雕塑匠、彩绘匠、叠山匠等，已经传承上千年，到明清时期达到了鼎盛。曾涌现出杨惠之（塑圣）、蒯祥和姚承祖等著名的建筑大师。“香山帮”所造建筑的特点是色调和谐、结构紧凑、制造精细、布局机巧，如北京故宫、天安门和苏州园林等闻名于世的建筑都出自他们之手。2006 年，香山帮传统建筑营造技艺被列入第一批国家级非物质文化遗产代表性项目名录。

问

你去故宫参观时，最大的感触是什么，有想过故宫最初的设计者是谁吗？

你能选出正确的答案吗？请在正确的答案后面打“√”。

答1 姚承祖 □

答2 蒯祥 □

答3 鲁班 □

答案在第 136 页

“样式雷”家族的贡献

说完“香山帮”，下面我们介绍一个建筑世家——雷氏家族。这个家族也不简单，北京留存的许多清代园林几乎都出自这个家族之手。这个家族七代人供职于清代承担宫廷建筑设计的机构——样式房，是皇家御用的首席建筑师，所以称这个家族为“样式雷”。雷氏家族成员都是凭着自己精湛的手艺和聪明才智当上的样式房掌案。“样式雷”家族都留下了哪些传奇和建筑呢？康熙年间，“样式雷”家族的第一代雷发达由江西永修来到北京，开启了“样式雷”家族的传奇。“样式雷”家族是从第二代雷金玉开始声名鹊起的。据说，清代康熙皇帝在位时，要修建畅春园，雷金玉参与了畅春园正殿“九经三事殿”工程。中国古代盖房有一个重要的仪式必须举行，就是上梁。康熙非常重视这次上梁，他亲自来到畅春园观看，但是上梁却不顺利，安装脊檩时榫卯就是对不上，掌管营造工程的工部官员吓得不知道怎么办才好。这时候，在样式房上班的雷金玉自告奋勇上去调整，但是当时规定上梁的人最低也必须是七品官员。事情非常紧急，管事的官员就要求没有官职的雷金玉赶紧换上七品官服，爬上房梁去处理。雷金玉换上官服并暗自藏了一把斧子在衣袖中。他

爬上了屋顶，啪啪几下，榫卯契合，上梁仪式顺利举行。康熙非常高兴，立即召见雷金玉，与他交谈时发现他才思敏捷，于是封了他七品官，任命他为工部营造所“长班”（相当于今天国家建筑部门的总建筑师）。民间因此流传“上有鲁班，下有长班；紫微照命，金殿封官”的说法，雷金玉是雷氏家族中第一个担任样式房掌案的。

雷氏家族还为我们留下一份珍贵的记忆遗产，就是“样式雷”建筑图档。图档包括了设计图纸、烫样、工程做法和随工日记等资料，否定了世界建筑史界认为中国古代建筑全凭经

北海澄性堂烫样

养心殿戏台烫样

圆明园清夏堂烫样

圆明园九州清宴殿烫样

西苑勤政殿烫样

验和代代相传，而没有建筑师的看法。

烫样就是用纸板、木头等为原料热压而成的建筑模型，是为了给皇帝提供实体样本而制作的微缩景观。烫样中每一部分都可以拆卸和安装，能够让人看到建筑的各个细节，非常精美和精细。这些资料是“样式雷”第五代传人雷景修收集整理的。清朝统治被推翻后，“样式雷”的后世子孙为了生计将这些图档卖掉，从此图档现于世间，可是“样式雷”这个传承200余年的建筑家族却不再辉煌。

2007年，中国清代“样式雷”建筑图档入

选联合国教科文组织世界记忆名录。“样式雷”家族负责设计、营造的圆明园、颐和园、天坛、北海、避暑山庄等，其中许多被列入联合国教科文组织世界遗产名录。

烫样是如何制作的呢？用高丽纸、元书纸等纸张，层层黏合成硬质板料，再根据建筑设计式样和大小以一定比例裁剪，上面涂上颜色并描绘出装饰图案，最后黏合组成建筑模型。制作屋顶时，先用黄泥做成一个胎膜，再用胶水将纸张层层贴在上面，纸晾干后，屋顶样式形成。屋顶上的瓦垄，有的用线香粘接，有的用沥粉制作，上面盖上一层涂过胶水的高丽纸，然后用烙铁反复熨烫于瓦垄间，屋顶成形后刷上颜色即可。体量较大的烫样，山墙可用木板制作，以增加其强度。

问

圆明园为清代营造的皇家园林，曾被称为“万园之园”。1860年，英法联军劫掠园中珍物，并纵火焚烧。1900年，八国联军再次洗劫圆明园，圆明园的辉煌成为过去。圆明园从何时开始建造的？

你能选出正确的答案吗？请在正确的答案后面打“✓”。

答1 康熙时期 □

答2 雍正时期 □

答3 乾隆时期 □

答案在第140页

圆明园遗址

木结构建筑营造技艺的实践者

中国传统木结构建筑营造技艺的传承，主要依赖于以前工匠从师傅那里学来的口诀、技巧和方法，但中国古代包括工匠在内的手工业者，大多是家族传承，为了不让自己的技术被外人学去，他们是不收外徒的，这就造成了许多传统技艺因家族没有合适的人继承而消亡。现在工匠改称传承人，“传承”二字意义深远，一承一传赋予了他们使命和责任。他们首先要继承前辈的经验和技艺，把师傅或老师的手艺学

国家级非物质文化遗产代表性项目客家土楼营造技艺代表性传承人徐松生

> **传承人**
>
> 截至 2019 年 12 月 31 日，国家文化和旅游部门已经认定五批共 3068 名国家级非物质文化遗产代表性项目代表性传承人。

到手，变成自己的手艺；然后经过自己的手、加入自己的想法，使技艺得到丰富和发展；再把这门技艺传授给徒弟或学生，如此延续下去，传承人掌握的技艺就会永远流传，不会断绝。这也是所有非物质文化遗产能够永世长存、不断延续下去的必要渠道。

“学三年、帮三年、看三年”，继承者才算满师，这个不成文的规矩如今仍是一个工匠学成出师、独当一面需要花费的时间。在近十年的时间里，他要付出巨大的辛苦，要耐得住寂寞、经得起诱惑、稳得住心神，同时，还要有不断挑战的勇气和创新的意识，才能得到真正握在自己手中的技艺。

国家级非物质文化遗产代表性项目客家土楼营造技艺代表性传承人徐松生，祖辈都是营造土楼的匠人，他是第四代传人，14 岁开始跟着父亲学造土楼，24 岁才开始独立承担客家土楼的营造和修缮工作，设计营造、维护修复土楼十多座。

国家级非物质文化遗产代表性项目徽派传统民居营造技艺代表性传承人胡公敏，是从拜师做学徒开始接触徽派民居营造的，经历了“学手艺要先吃三年锅巴饭”的艰苦学徒时期。他一边工作一边拜师提升技艺。他传承了师傅程启东“徽州大木木雕”绝活，但并不满足，仍不断提升、创新技艺，并且也取得了很大的成就，参与了徽州府衙、香港志莲净苑、黄宾虹纪念馆等建筑的重建和修缮工作，用三十多年的时间建立了自己的木作团队。

今天，随着社会的发展，很多年轻人不能沉下心来学这门技艺，一些愿意学的年轻人又因为文化水平不高，难以掌握技艺的精髓，很难独当一面。

作为木结构建筑营造技艺的实践者，这些传承人都有一份责任感，为了他们爱的手艺、为了把毕生追求的事业世代传承下去，他们正尽自己的力量去找寻解决之道。

徽派建筑木雕构件

成为传承人的工匠身上都肩负着重任，他们不仅要熟练掌握并不断提升技艺，还需要做什么才称得上是真正的传承人？

你能写出答案来吗？

木结构建筑营造技艺的研究者与保护者

工匠通过双手创造出了一座座精美的木结构建筑，为我们留下了珍贵的遗产，这些建筑中有许多藏在深山中无人发现，是谁建造了它们？什么时候建的？为什么而建？建筑里有什么寓意？我们通过翻阅历史文献、建筑书籍，了解它们缘何而建、由何构成，那么为我们呈现这些资料的人又是谁呢？

朱启钤

1872—1964，字桂辛、桂莘，祖籍贵州开州（贵州开阳），1872 年 11 月 12 日生于河南信阳。1964 年 2 月 26 日卒于北京。中国北洋政府官员，爱国人士。中国政治家、实业家、古建筑学家、工艺美术家。

前面我们提到“样式雷”家族的后代为了生存卖掉了“样式雷”家藏图档，当时有个人听到这个消息后，付出了极大的努力，才为我们留下了中国人的这一珍贵历史记忆，这个人就是中国营造学社创建人——朱启钤。1930 年 5 月，朱启钤听说住在北京市东关音寺胡同的雷氏后人，正出售大

量图纸与烫样等。他非常重视，为了不让这些资料在民间流失甚至流向海外，他写信给当时管理庚子赔款的文化基金会，希望他们能够筹款资助他收购这些图档。朱启钤就收购价格与雷家多次沟通，最后由文化基金会出资从雷家收购了大部分图档并存于北平图书馆。朱启钤的行为影响和带动了很多的仁人志士和收藏机构积极收集、整理、研究“样式雷”图档，避免其流到海外。

我国古人没有对各时期的建筑进行文字记录的习惯，更别提研究了。民国之前中国没有自己的建筑史专著，在西方讲述建筑史的图书中也没有中国建筑历史的内容，留学于美国宾夕法尼亚大学建筑学系的梁思成为此深受刺激。1931年，梁思成和林徽因婚后不久回到中国，在东北大学任建筑系教授期间加入了中国营造学社，希望改变中国没有建筑历史专著的情况。这个时候，许多海外学者尤其是日本学者对中国古代建筑充满热情，进行拍摄、记录和研究，梁思成感觉中国人研究自己建筑的时间非常紧迫。1932年，梁思成、林徽因夫妇开启了他们艰辛的古建筑考察之路，梁思成曾经说过：“别人都把自己的宝贝藏在家里，我的宝贝放

中国营造学社

研究古代建筑的专业学术团体，1929年创立于北平（今北京），朱启钤任社长，梁思成、刘敦桢分别担任法式、文献组的主任。1946年停止活动。

在祖国各地。”他为了找到这些宝贝，与营造学社的同伴坐马车、骑马、骑驴、步行，一走就是 15 年，到过 190 个县，爬梁上柱勘测了 2738 处古建，发现了许多隐藏在深山荒野、被人遗忘在角落中的建筑。

一个信念始终在梁思成心中，他始终相信中国仍然存在唐代木结构建筑。偶然间，他看到了唐代壁画《五台山图》中有一座大佛光之寺，他觉得看到了希望。于是，在战火纷飞的 1937 年，他带领考察队奔赴五台山，当时他的爱人林徽因还患有肺病。他们辗转到达五台县后，又骑着骡子走在崎岖狭窄的山间小道，整整颠簸了一天才到达佛光寺。当看到眼前出现的雄伟建筑时，他们被巨大简洁的斗、超长低压的屋檐震撼了，他们认真查看了斗、梁架、藻井、殿内塑像和殿外柱下底座后，初步认定这是唐代晚期的建筑。但是，没找到最有力的时间证明，

青年梁思成

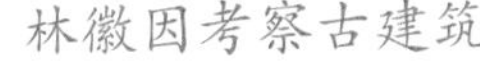
林徽因考察古建筑

梁思成在佛光寺东大殿内测量

就不能妄下结论，这是认真严谨的学者的研究态度。在他们到达佛光寺的第三天，林徽因发现了佛光寺东大殿建造于唐大中十一年（857）的有力证据，梁思成一行人非常激动，这是他们考察队五年来找到的唯一一座唐代木结构建筑，特殊的年代、特殊的发现，为中国建筑的历史添上了光辉的一笔。在国难当头的日子里，梁思成完成了第一部由中国人自己编写的比较完善和系统的《中国建筑史》和《图像中国建筑史》（英文版），这两部建筑史著作一直是我国高校建筑系的教科书。

对中国古代建筑的研究也是传承延续的。朱启钤创立的中国营造学社，在梁思成、林徽因等建筑专家的不懈努力下发展壮大，经过一代代的传承，天津大学古建筑专家王其亨接过了接力棒，继续引领着古建研究队伍到各地进行实地测绘，用了数十年的时间，完成了“样式雷”图档的搜集、整理以及解读的工作。2004年，王其亨带着团队成员把他们整理的成果，办成了“清代样式雷建筑图档展”，之后走出国门，相继在法国、瑞士、德国举办外文版的图档展，直接推动了“中国清代样式雷建筑图档”被列入联合国教科文组织世界记忆名录。中国古代建筑中所含的精巧技艺和劳动人民的智慧，得到了世界的认可和记录，王其亨和他的团队就是当今中国古代建筑研究与保护领域的守护者和传承者。

问

我国第一部由中国人自己编写的《中国建筑史》的作者是谁？

你能选出正确的答案吗？请在正确的答案后面打“√”。

答1 梁思成 □

答2 茅以升 □

答3 朱启钤 □

答案在第148页

木结构建筑营造技艺的今世传奇

如今，作为文物的古代木结构建筑得到了保护，但很多没有被评定为文物的木结构建筑如普通的民居却得不到人们的重视，有的被拆除，有的被改造，留存的木结构建筑也都失去了本身的特点。因此，如何保护旧有建筑是当务之急。此外，真正的保护是不断运用与创新。

传统木结构建筑需要的木材量很大，这与环境保护的理念和实践有矛盾。而现如今，木结构建筑毕竟不如钢筋水泥建筑坚固，且占用空间大、耗费人力多。木结构多用于园林建筑、老建筑的翻修、微缩模型以及木家具制作等，已不是普遍应用的建筑结构。这些都是木结构建筑营造技艺传承下去所面临的问题。不过我们也看到了希望，现在的一些建筑设计中也逐渐应用到了木结构建筑营造技艺的原理：在北京奥林匹克公园中，有一座四方的建筑，像互相拼插咬

> 非物质文化遗产具有“活态流变性”，它是被一定社区、群体、个人经世代相传延续至今的传统文化表现形式，它在延续过程中，为适应变化的自然、社会等环境，被不断地再创造，这个再创造的过程就是活态流变的过程。中国传统木结构建筑营造技艺是当地民众在生产生活实践中发明并传承至今的优秀传统文化。只有适应当代生产、生活的需要，在继承传统的基础上不断地创新，这种技艺才能获得持久的生机和活力。

中国科技馆（新馆）模型

合的大型积木，这就是鲁班锁造型的中国科学技术馆新馆。它借用了鲁班锁蕴含解锁探秘的意义，来表达科技馆是一个体验科学成果、探索科学奥秘、启迪创新理念的建筑。

2010年上海世博会中国馆，造型是一个巨大的红色的斗拱造型，由四根如斗拱中的斗型巨柱承托起上面整个建筑，净高21米，向世界展示了中国传统建筑的精髓和文化内涵。

2015年米兰世博会中国馆采用中国传统木结构建筑的抬梁式架构形式，东西方向搭建49根木梁架，南北方向排列37根椽子，各个构件之间采用了含有现代材质的榫卯连接。传统与现代相结合，形成具有强烈中国传统建筑意味的展馆形象。

中国传统木结构建筑营造技艺的现代创新和利用，为年轻人提供了新的思路和方向，只有他们在继承传统的基础上合理创新，才能使中国几千年的建筑精神和内涵得以延续和发展。

答! 第146页问题 你答对了吗？

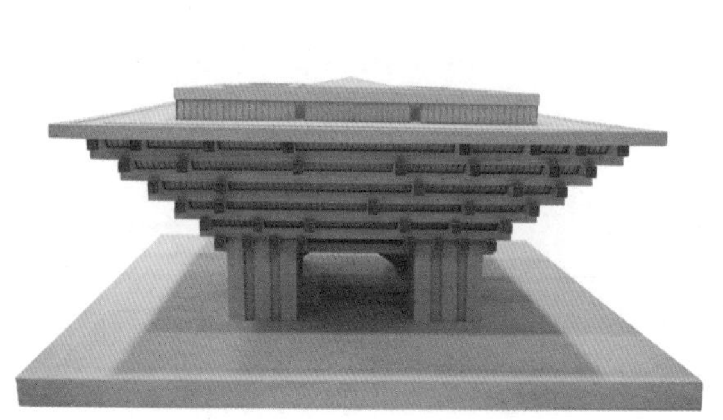

上海世博会中国馆模型

米兰世博会中国馆模型

致谢

《中国传统木结构建筑营造技艺》现已完成，回望编写过程，感慨之余感谢之情尤为深切。中国悠悠几千年留下的实物见证和文字记载，古代工匠及其传人的聪明才智和精湛技艺，以及保护者和研究者的艰苦工作和辛勤付出，为我们呈现了精美绝伦的木结构建筑和供以参考的知识体系。

中国艺术研究院建筑与公共艺术研究所（原建筑艺术研究所）作为申报联合国教科文组织非物质文化遗产名录的主要牵头单位，为该项目的保护传承做了大量基础性工作，尤其感谢刘托老师提供了非常有价值的考察资料和研究成果，为编写本书提出了重要参考。

同时，感谢我的朋友王文馨、葛玉清、张天漫、申文、郃高娣、穆晨曦、何明、朱玉馨等提供了大量图片、文字等资料。感谢出版社老师和编辑为本书的出版所做的辛苦工作。整个编写过程中，得到了许多的帮助和支持，要感谢的人很多很多，在此不一一提名感谢，谨致谢忱。